Esskulturen

KULTURWISSENSCHAFTEN

HERAUSGEGEBEN VON HARTMUT SALZWEDEL
UND INGEBORG SIGGELKOW

Band 5

PL ACADEMIC RESEARCH

Werner Siebel
Hartmut Salzwedel
Ingeborg Siggelkow
(Hrsg.)

# Esskulturen

PL ACADEMIC RESEARCH

**Bibliografische Information der Deutschen Nationalbibliothek**
Die Deutsche Nationalbibliothek verzeichnet diese Publikation in der Deutschen Nationalbibliografie; detaillierte bibliografische Daten sind im Internet über http://dnb.d-nb.de abrufbar.

Umschlaggestaltung:
© Olaf Glöckler, Atelier Platen, Friedberg

Gedruckt auf alterungsbeständigem,
säurefreiem Papier.

ISSN 1431-2573
ISBN 978-3-631-62987-1


PL Academic Research ist ein Imprint der Peter Lang GmbH



www.peterlang.de

# Inhaltsverzeichnis

Werner Siebel

# Einleitung

Die Essensgewohnheiten vieler Menschen wurden im 19. Jahrhundert durch die Industrialisierung sehr verändert. Die Mahlzeiten wurden zunehmend am Arbeitsort eingenommen. Das Essen in der Arbeitswelt beeinflusste familiäre Gewohnheiten und Riten. Der Beitrag von Ingeborg Siggelkow beschäftigt sich mit der Entstehung der Kantine.

Dagmar Werpup verweist auf die Anfänge alkoholfreier Ausschankstellen, die aus dem allgemeinen Trinkzwang für alkoholische Getränke in öffentlichen Lokalen entstanden. Unter norddeutschen Industriearbeitern führte im 19. Jahrhundert ein gesundheitsgefährdender Branntweinkonsum zu antialkoholischen Gegenbewegungen. Als Reaktion auf soziale Notlagen entstand die Idee öffentlicher Volksspeisung. In Bremen entwickelten sich alkoholfreie Speisehäuser, die Ottilie-Hofmann-Häuser.

Susanne Finsterer analysiert aktuelle Zusammenhänge zwischen Bio-Qualität von Lebensmitteln und ökologischer Nachhaltigkeit. Es mangelt an beidem, und es kommt vor, dass Versprechen von Bio-Qualität und Realität nicht identisch sind.

Finsterer greift Spiekermanns Vorschlag auf, Essen kulturell zu begreifen und Barlösius Forderung, um der Gesundheit und Umwelt willen rein ökonomischen und rein technischen Motiven Grenzen zu setzen. Besondere Besorgnisse gelten verseuchtem Trinkwasser (Tritium aus Atomreaktoren, Uran aus Phosphatdünger), für das in Deutschland erst seit 1. November 2012 Grenzwerte gelten, wie Thilo Bode, Foodwatch, mitteilt. Weitere Schwerpunkte sind Fair Trade und Ernährungs-Bildung.

Das Lebensmittel Wasser und Wasser in Lebensmitteln ist nicht immer keimarm, was Gefahren birgt. Oft mangelt es an Trink- und Sanitärwasser und ausreichenden Hygienestandards. Innovative Wasser- und Abwassertechnik ist Gegenstand internationaler Projekte.

Wasser selbst bedarf des Schutzes, denn einige Risikofaktoren nehmen bedrohliche Ausmaße an, wie beispielsweise durch Hormone im Grundwasser aus medizinischen Abwässern (Krankenhäuser, Landwirtschaft).

Das Ökodorf ZEGG (Zentrum für experimentelle Gesellschaftsgestaltung), Forschungs- und Bildungszentrum in Bad Belzig, stellt Cordula Andrä als „Modellprojekt für neue, kooperative Lebens- und Wirtschaftsformen und eine ökologisch nachhaltige Lebensweise“ vor. Bisher außerhalb der öffentlichen Wasserversorgung (eigene Brunnen) wird ein regionaler Wasserkreislauf praktiziert. Nach dem Reinigen der Abwässer in einer Pflanzenkläranlage sickern diese zurück ins Grundwasser.

Der Naturschutzbund Deutschland e. V. (NABU), Landesverband Berlin informiert über bleibelastetes Wildfleisch. Wie verbreitet ist dies unter Verbrauchern?

Martin Gsell lenkt den Blick auf die in der Öffentlichkeit relativ wenig beachtete Praxis des Containerns: der illegalen Aneignung von Lebensmitteln aus Abfallcontainern (von Supermärkten) und stellt diese Erscheinung in größere ökologische und verteilungskritische Zusammenhänge.

Hartmut Salzwedel betont, wie dringlich technische Artefakte instandgehalten werden müssen, am Beispiel der Versorgung mit Trinkwasser und der Entsorgung von Abwasser. Neben technischen Kenntnissen bedarf es funktionaler Handlungsmuster und somit der Kooperation von Ingenieuren und Sozialwissenschaftlern bei sicherheitsrelevanter Qualitätssicherung. Die Sozialgestalt von Technik zeigt sich in individuellem Regelverhalten und institutioneller Kompetenz.

Michaela Kühnapfel wirbt dafür, Kaffee zu rösten statt zu verbrennen, wie es heutzutage leider oft geschieht. Anders als häufig im industriellen Maßstab hat bei ihr der Kaffee noch nicht Geburtstag, wenn der Verbraucher ihn genießt.

Ingeborg Siggelkow

# Die Kantine

Inhalt



## 1 Einleitung

Die Geschichte des Kantinenwesens muss noch geschrieben werden, meint Ulrike Thoms, die in einem Aufsatz die aus ihrer Sicht wichtigsten Aspekte dieser Form des Essens in der Arbeitswelt näher untersucht hat. (Thoms 2004, S. 203) Sie weist darauf hin, dass der Begriff „Kantine" für die auch als „Menagen", „Speiseanstalten", „Fabrikküchen" und „Casinos" bezeichneten Räumlichkeiten unzutreffend ist. Genaugenommen bedeutet „Kantine" im militärischen Bereich „nur ein Verkaufslokal für Getränke, Tabak und einzelne Esswaren, nicht jedoch für ganze Mahlzeiten." (Thoms 2004, S. 206) Während der Begriff „Kantine" erst in den 1930er Jahren gebräuchlich wurde, sprach man im 19. Jahrhundert von „Speiseanstalt", „Werksküche", Fabrikküche" oder „Fabrikspeisung". (Thoms 2004, S. 206) Dies wirft folgende Fragen auf: Wie haben sich im Rahmen der Industrialisierung Ernährungsgewohnheiten verändert? Welche Veränderungen hat die Betriebskantine als Form einer Gemeinschaftsverpflegung seit ihrer Einführung um 1850 bis heute erfahren?

## 2 Gemeinschaftsverpflegung

Unter Gemeinschaftsverpflegung ist eine Großküchenverpflegung zu verstehen, deren Kennzeichen es ist, eine große Anzahl von Menschen zu beköstigen. Zu den Institutionen der Massenernährung zählen Krankenhäuser und das Militär, (Teuteberg 1990, S. 91) aber auch Gefängnisse und der studentische Mittagstisch, die Mensa.
Im militärischen Bereich ist im 19. Jahrhundert zu der in Kriegszeiten üblichen Feldverpflegung eine Gemeinschaftsverpflegung in Form der Menageverpflegung entstanden. Eine Menage ist eine Art von Kochgemeinschaft. Ihr Charakteristikum ist,

dass der Einkauf von Waren, die Aufstellung des Speiseplans sowie die Zubereitung und Austeilung der Speisen von einer Menage-Kommission übernommen werden. Alternativen der soldatischen Versorgung in Friedenszeiten waren

- die Selbstversorgung, wobei die Gefahr bestand, dass vom Sold anstelle von Lebensmitteln Branntwein und Tabak gekauft wurden,
- der Bezug von Naturalien aus einem Heeresmagazin (gegen Anrechnung)
- oder die Quartiersverpflegung durch die Bevölkerung.

Aus Sicht der Quartiergewährenden kann die letztgenannte Variante als eine Art Steuer betrachtet werden. (Teuteberg 1990, S. 92 f.)

Über die Speisegewohnheiten in deutschsprachigen Regionen und ihren Wandel gibt es zahlreiche Studien, vor allem von Hans Jürgen Teuteberg und Günter Wiegelmann. Nicht nur die verzehrten Lebensmittel, sondern auch Häufigkeit und Dauer der Mahlzeiten wurden von ihnen untersucht, so zum Beispiel das Zwei- und das Dreimahlzeitensystem. (Teuteberg / Wiegelmann 2005, S. 278) Auch die Frage, welche Folgen die Industrialisierung ernährungstechnisch hatte, ist von ihnen in den Blick genommen worden. (Teuteberg / Wiegelmann 1986, S. 345 ff.; Teuteberg / Wiegelmann 2005, S. 75 ff.) Durch die neuen Produktionstechniken in der Industrie veränderte sich der Mahlzeitenrhythmus. Um die Leistungsfähigkeit der Arbeiter sicherzustellen, mussten Pausen eingeführt werden. (Tanner 1999, S. 245 ff.) Durch die Entstehung großer Fabriken ergab sich für die arbeitende Bevölkerung vor allem eine neue Organisation der Essensaufnahme. Für Familien bedeutete der Industrialisierungsprozess oftmals den Zerfall der häuslichen Tischgemeinschaft. (Teuteberg / Wiegelmann 1986, S. 357; Teuteberg / Wiegelmann 2005, S. 77)

## 3 Industrialisierung: Das Essen in der neuen Arbeitswelt

Eine wesentliche Veränderung, die die Industrialisierung mit sich brachte, bestand darin, dass die bisherige Einheit von Wohn- und Arbeitsort aufgehoben wurde. Dabei traten zahlreiche Probleme auf. Handelte es sich um Menschen vom Lande, die in die Städte strömten, musste zunächst eine neue Unterkunft organisiert werden. Bei Unverheirateten boten sich folgende Lösungen an: Während Frauen als Dienstmädchen in bürgerlichen Familien Kost und Logis erhielten, mussten sich Männer als Fabrikarbeiter um Unterkünfte zum Beispiel in Ledigenheimen („Arbeiterkasernen") oder Schlafstätten als „Schlafbursche" bemühen. Vor dem Ersten Weltkrieg gab es in Industrieregionen wie dem Ruhrgebiet „Schlafburschen". (Brüggemeier / Niethammer 1978) Während der Industrialisierung setzte in Großstädten wie Berlin eine rege Bautätigkeit ein. Es entstanden die für diese Zeit typischen „Mietskasernen".

Durch die Ansiedlung von Fabriken war in den Städten ein Flächenwachstum eingetreten. Auf Hamburg bezogen erhöhte sich der Zeitaufwand für das Durchqueren der

Stadt von 20 Minuten (um 1750), über 30 Minuten (um 1850) auf bis zu einer Stunde (um 1900). (Thoms 2004, S. 206) Für den Fabrikarbeiter bedeutete dies, dass die Arbeitsstätte meist weit von der Wohnung entfernt lag und er seine tägliche Verpflegung neu organisieren musste. Was lag näher, als das Essen zu Hause vorzukochen und gegart in die Fabrik mitzunehmen? (Tanner 1999, S. 234 ff.) Um das vorgekochte Essen transportieren und in der Fabrik in einem Aufwärmbecken erhitzen zu können, wurde spezielle Blechbehälter angefertigt. Erfunden hatten sie die Bergleute. Zum Tragen und meist auch Verschließen hatten die Gefäße einen Henkel, der ihnen ihren Namen verlieh: „Henkelmann". Für die Arbeiter wurde dieser Blechbehälter in der zweiten Hälfte des 19. Jahrhunderts zum täglichen Begleiter. Bis in die 1960er Jahre war der Henkelmann in der Arbeitswelt weit verbreitet. In vielen Fabriken gab es eigene Räumlichkeiten, in denen die Arbeiter ihr mitgebrachtes Mittagessen verzehren konnten. Es wurde aber nicht gerne gesehen, wenn von Familienangehörigen frisch zubereitetes Essen im Henkelmann in die Fabrik gebracht wurde und die Überbringer dem Arbeiter bei der Mittagsmahlzeit Gesellschaft leisteten. Im Württembergischen wurde dieses Problem dadurch gelöst, indem seit 1891 eine „Knöpfespost" die fertigen Speisen im Henkelmann daheim abholte und dem Arbeiter in die Fabrik brachte. (Thoms 2004, S. 208)
Wenn der Arbeiter darauf angewiesen war, in einem Wirtshaus zu essen, musste er aufgrund des dort herrschenden „Trinkzwanges" Alkohol zu sich nehmen, denn alkoholfreie Getränke gab es kaum; Selterswasser in Flaschen wurde erst um 1900 angeboten. (Thomas 2004, S. 209) Dadurch erhöhte sich die Unfallgefahr in der Fabrik. Im 19. Jahrhundert stellte der hohe Alkoholkonsum in der Arbeiterschaft ein erhebliches Problem dar. (Werpup im vorliegenden Sammelband; Wyrwa 1990)

## 4 Von der Fabrikmahlzeit zum Kantinenessen

Bei der Fabrikmahlzeit geht es nicht nur um die Mahlzeit als soziale Situation auf dem Fabrikgelände, sondern zugleich um die Einfügung sozialer Abläufe in neue Produktionsprozesse und Arbeitsrhythmen. Tanner unternimmt in seiner Habilitationsschrift über die Fabrikmahlzeit in der Schweiz gleichzeitig den Versuch, eine „Kulturgeschichte des Sozialen" zu schreiben. (Tanner 1999, S. 19) Ein ähnliches Anliegen hat Etzemüller, der für die sozialen Umbau- und mentalen Veränderungsprozesse durch die Industrialisierung den Begriff „Social Engineering" vorgeschlagen hat. Damit ist gemeint, „dass in einem eng umgrenzten Zeitraum ein spezifisches Ordnungsmodell mit spezifischen Techniken der Moderne implementiert werden sollte." (Etzemüller 2009, S. 32) Wie sich die Umsetzung dieses „Ordnungsdenkens" im Bereich der Fabrikmahlzeit nach dem Zweiten Weltkrieg vollzogen hat, erläutert Luks

(2009) unter der Überschrift „Die Massengesellschaft auf dem Weg in die Kantine" am Beispiel der Daimler-Benz AG.

Die Gemeinschaftsverpflegung am Arbeitsplatz hat sich im ersten Drittel des 20. Jahrhunderts durchgesetzt, wobei es noch etliche organisatorische Probleme zu lösen gab. Bei Daimler-Benz wurde 1948 beklagt, dass die Kapazitäten der Speiseräume nicht ausreichten und deshalb in drei bis vier Schichten gegessen werden musste. Dadurch kam es zum Anstehen im Treppenaufgang und zu Drängeleien. Eine Erweiterung der Räumlichkeiten schien unumgänglich. (Luks 2009, S. 38 f.) In den für Arbeiter und Angestellte getrennten Speiseräumen wurden täglich bis zu 6.000 Portionen ausgegeben. (Luks 2009, S. 42) Ein Grund für das Anstehen lag daran, dass es eine „Bedienung am Platz" gab. (Luks 2009, S. 44) Beim Servieren herrschte eine große Unordnung, weil viele Arbeiter ihre eingenommenen Plätze wechselten, sobald sie feststellten, dass mit der Bedienung an anderen Tischen begonnen worden war. Um Wartezeiten bei der Essensvergabe zu reduzieren, wurde deshalb über eine neue Organisation des Kantinenwesens nachgedacht. Das Ergebnis war das – aus den Vereinigten Staaten von Amerika übernommene – Prinzip der Selbstbedienung. Bei Daimler-Benz wurde es im Jahre 1953 realisiert.

## 5 Die Selbstbedienung als Modernisierung

Die Essensausgabe in Selbstbedienung entspricht der Logik eines Fließbandes. Die Vorteile der Selbstbedienung bestehen darin, dass der Speiseplan vorab bekannt gegeben wird und der Gast zwischen verschiedenen Gerichten wählen kann. Durch die individuelle Zusammenstellung des Essens erübrigen sich die bisherigen Essenkarten; die Mahlzeit wird direkt nach dem Empfang an der Kasse bezahlt. Gleichzeitig wurde bei Daimler Benz festgelegt, dass die Mittagspause für die Arbeiter in zwei Schichten à 35 Minuten gegliedert wird. (Luks 2009, S. 49)

Mit der Einführung der Selbstbedienung kam die etwa 100-jährige Entwicklungsgeschichte der Betriebskantine zu einem vorläufigen Ende. In dieser Zeit hat die Kantine viele Veränderungen erfahren. Anfangs gab es separate Speiseräume für Arbeiter und Angestellte. Die Kantinen für Arbeiter waren nur mit Holzbänken und blanken Tischen möbliert. Auch gab es kein Geschirr, sondern nur Blechnäpfe. In den Speiseräumen für die Angestellten standen einzelne Stühle an kleineren Tischen, die mit Tischdecken und Blumenschmuck versehen waren. Das Geschirr war aus Porzellan.

Die Einführung der Selbstbedienung blieb nicht auf die Speiseräume beschränkt. Auch im Küchenbereich erfolgte eine Automatisierung von „Bratstraßen" bis hin zu speziellen EDV-Programmen, um die Arbeitsabläufe in der Großküche optimal zu steuern. (Thoms 2004, S. 211f.)

Nach Schätzungen in der alten Bundesrepublik Ende der 1950er Jahre haben 60 % der Erwerbstätigen in der Betriebskantine ihre Mittagsmahlzeit eingenommen. Anfang der 1990er Jahre machten von dieser Möglichkeit des Essens am Arbeitsplatz nur noch 26 % Gebrauch. (Thoms 2004, S. 214 f.) Die Journalistin Tina Groll geht in einem 2010 erschienenen Zeitungsbeitrag davon aus, dass jeder fünfte Deutsche täglich in einer der über 14.000 Großküchen zu Gast ist, in denen jährlich etwa 1,5 Milliarden Mahlzeiten zubereitet werden.

## 6 Schluss

Die mit der industriellen Revolution verbundene Entstehung der Betriebskantine zeigt die wechselseitige Verknüpfung von Produktion und Konsumption. Die Einführung der Selbstbedienung nach dem Zweiten Weltkrieg blieb nicht auf die Kantine beschränkt, sondern erfasste viele Bereiche der sich bildenden modernen Konsumgesellschaft. Im Einzelhandel entstanden beispielsweise Selbstbedienungsläden.
Heutzutage beschäftigt sich die Deutsche Gesellschaft für Ernährung e.V. in Bonn mit Fragen der Betriebsverpflegung. Gemeinsam mit dem Bundesministerium für Ernährung, Landwirtschaft und Verbraucherschutz führt sie den Nationalen Aktionsplan „IN FORM – Deutschlands Initiative für gesunde Ernährung und mehr Bewegung" durch. Das im September 2012 stattgefundene Symposium widmete sich dem Thema „Qualitätsstandard für die Betriebsverpflegung als Baustein im Betrieblichen Gesundheitsmanagement". Aus dem Alltag ist die Kantine nicht mehr wegzudenken.

## 7 Literatur / Internet


Brüggemeier, Franz J. / Niethammer, Lutz, 1978: Schlafgänger, Schnapskasinos und schwerindustrielle Kolonie. In: Reulecke / Weber (Hrsg.), S. 135-175

Deutsche Gesellschaft für Ernährung e.V., 2011: DGE-Qualitätsstandard für die Betriebsverpflegung. Bonn, 3. Auflage, www.jobundfit.de

Etzemüller, Thomas (Hrsg.), 2009: Die Ordnung der Moderne. Social Engineering im 20. Jahrhundert. Bielefeld: transcript Verlag

Groll, Tina, 2010: Abschied von der Currywurst.
http://www.zeit.de/karriere/beruf/2010-06/beliebtes-kantinenessen (Seitenaufruf: 12.07.2012)

Leonhäuser, Ingrid-Ute / Meier-Gräws, Uta / Möser, Anke / Zander, Uta / Köhler, Jacqueline, 2009: Essalltag in Familien. Ernährungsversorgung zwischen privatem und öffentlichem Raum. Wiesbaden: VS Verlag für Sozialwissenschaften

Luks, Timo, 2009: Die Massengesellschaft auf dem Weg in die Kantine. Fabrikmahlzeit, Selbstbedienung und „Ordnungsdenken" bei der Daimler-Benz AG 1948-53. In: Historische Anthropologie. Kultur – Gesellschaft – Alltag. Vol. 17, Nr. 1, 2009, S. 38-55

Reulecke, Jürgen / Weber, Wolfhard (Hrsg.), 1978: Fabrik, Familie, Feierabend. Beiträge zur Sozialgeschichte des Alltags im Industriezeitalter. Wuppertal: Peter Hammer, 2. Aufl.

Tanner, Jakob, 1999: Fabrikmahlzeit. Ernährungswissenschaft, Industriearbeit und Volksernährung in der Schweiz 1890-1950. Zürich: Chronos Verlag (Zugl.: Zürich, Univ., Habil.-Schrift, 1995)

Teuteberg, Hans Jürgen, 1990: Die Rolle des Fleischextrakts für die Ernährungswissenschaften und den Aufstieg der Suppenindustrie. Kleine Geschichte der Fleischbrühe. Stuttgart: Franz Steiner Verlag

Teuteberg, Hans Jürgen (Hrsg.), 2004: Die Revolution am Esstisch. Neue Studien zur Nahrungskultur im 19./20. Jahrhundert. Stuttgart: Franz Steiner

Teuteberg, Hans Jürgen / Wiegelmann, Günter, 1986: Unsere tägliche Kost. Studien zur Geschichte des Alltags. Münster: F. Coppenrath Verlag

Teuteberg, Hans Jürgen / Wiegelmann, Günter, 2005: Nahrungsgewohnheiten in der Industrialisierung des 19. Jahrhunderts. Münster: LIT Verlag, 2. Auflage

Thoms, Ulrike, 2004: Essen in der Arbeitswelt. Das betriebliche Kantinenwesen seit seiner Entstehung um 1850. In: Teuteberg (Hrsg.), S. 203-218

Wyrwa, Ulrich, 1990: Branntewein und „echtes" Bier. Die Trinkkultur der Hamburger Arbeiter im 19. Jahrhundert. Hamburg: Junius

Dagmar Werpup

# Alkoholfreie Speisehäuser

## Antialkoholbewegung in Deutschland

Eine der größten sozialen Reformbewegungen des 19. Jahrhunderts und des beginnenden 20. Jahrhunderts war die Bewegung gegen den Alkohol. Dabei spaltete sich die Bewegung in zwei Lager, das der „Mäßigen“ und das der „Abstinenten“. Ziel der Bewegung war vor allem, „das gesundheitliche, wirtschaftliche und sittliche Wohl der Bevölkerung, insbesondere der handarbeitenden Klassen, zu heben und die Leistungsfähigkeit auf allen Gebieten menschlichen Schaffens zu stärken.“ (Deutscher Verein gegen den Missbrauch geistiger Getränke 1904) Beide im Jahr 1883 gegründeten Vereine, der „Deutsche Verein gegen den Missbrauch geistiger Getränke“, der den maßvollen Konsum von Alkoholika akzeptierte, als auch der „Guttempler-Orden“, der den Genuss alkoholischer Getränke ablehnte, hatten beachtliche Frauenanteile unter ihren Aktiven. Mit dem Bekanntwerden von Kaffee und Tee gab es zwar Alternativgetränke (Genussmittel) für Bier und Branntwein; in breiten Teilen der Bevölkerung war jedoch Bier in der zweiten Hälfte des 19. Jahrhunderts nach wie vor das Hauptgetränk. Alkohol, der als Schnaps aus Kartoffeln hergestellt und dadurch billiger als Bier und Wein war, wurde vor allem bei den unteren Schichten immer populärer.

Da in allen öffentlichen Lokalen Trinkzwang für alkoholische Getränke bestand, (vgl. Heyne 1966, S. 8) versuchten die Alkoholgegner, alkoholfreie Gaststätten oder Ausschankstellen zu gründen. Bei diesen Reformgaststätten war oftmals „eine enge personelle wie ideelle Verknüpfung mit ernährungsreformerischen Ansätzen festzustellen“. (Baumgartner 1998, S.144)

### Volksspeise- und Kaffeehallen

Die nach der Eröffnung des ersten öffentlichen Kaffeeausschanks 1673 in Bremen und 1677 in Hamburg (vgl. Teuteberg 2001, S. 99) auch in anderen deutschen Städten entstehenden Kaffeehäuser entwickelten sich zu bürgerlichen Treffpunkten. In den Kaffeestuben wurden meist auch alkoholische Getränke wie Wein und Schnaps ausgeschenkt.

Für die Arbeiter wurden, um den Alkoholismus und insbesondere den Konsum von Branntwein zu bekämpfen, im 19. Jahrhundert in mehreren deutschen Städten, u .a. in Hamburg, von Vereinen Volksspeise- und Kaffeehallen eröffnet, in denen neben

preiswerten einfachen Speisen vor allem Kaffee angeboten wurde. Da die Speisen von der Küche in den Gastraum durch eine Klappe gelangten, setzte sich die umgangssprachliche Bezeichnung „Kaffeeklappe“ durch. Die vom „Verein gegen den Missbrauch geistiger Getränke“ im Hamburger Freihafen ab 1888 eröffneten bzw. neu gebauten Volkskaffeehallen waren alkoholfreie Speisehallen für Hafenarbeiter. Da die im Hamburger Hafen ansässigen Betriebe keine Bereitschaft zeigten, von sich aus und in ihren Gebäuden eine Verpflegungs- und Aufenthaltsmöglichkeit für ihre Arbeiter anzubieten, war sozialreformerische private Wohltätigkeit erforderlich. Im Jahr 1897 gab es bereits 22 Kaffeeklappen mit 169 Beschäftigten (ausschließlich Frauen) in Hamburg. (vgl. Pastuschka 1996, S.20)
Die unterschiedlich großen Einrichtungen hatten meist zwei oder drei Säle: mindestens eine Speisehalle, die nur zur Mittagszeit geöffnet hatte, und einen ständig geöffneten Kaffeesaal. Neben dem Tagesgericht, das aus Suppe, Fleisch und Gemüse sowie aus Kartoffeln bestand, gab es noch ein bis zwei weitere Suppen und Fleischangebote. Das Essen wurde durch eine Klappe verkauft, d.h. vor der Küche wurde ein breites Fenster hochgeschoben und das Essen und der Kaffee durchgereicht. Die Bezahlung erfolgte durch Speisemarken; der Markenvorverkauf ermöglichte eine rasche Essensausgabe. (vgl. Pastuschka 1996, S. 21f)
In einem mit roten Samtpolstern und weißen Tischdecken geschmückten Nebenzimmer, von den Hafenarbeitern „Herrensaal“ genannt, wurden die Vorgesetzten beköstigt und – im Gegensatz zu den Arbeitern – auch bedient. (vgl. Pastuschka 1996, S.22)

Volksküchen

Anlass für die Einrichtung von Volksküchen, der öffentlichen Volksspeisung aus einer Zentralküche, durch gesellschaftlich engagierte Bürgerliche war die Notlage der unteren Schichten. In den ab 1866 in Berlin von der Frauenrechtlerin und Sozialaktivistin Lina Morgenstern für verarmte Familien gegründeten Volksküchen konnten die Speisen zunächst nicht an Ort und Stellen verzehrt, sondern nur abgeholt werden. Ausgaben für Bauten, Miete und Einrichtung der Küchen wurden durch freiwillige Sammlungen gedeckt. Mit dem Großeinkauf und der Massenherstellung von Mahlzeiten konnten die Speisen zum Selbstkostenpreis angeboten werden. (vgl. Morgenstern 1866, S. 431)
Zugleich war damit der Anspruch verbunden, Menschen mit geringen finanziellen Mitteln auf der Basis von neuen Erkenntnissen der Ernährungslehre mit gesunden Ernährungsformen vertraut zu machen. (vgl. Meyer-Renschhausen 1998, S. 169)
In Bremen wurde durch einen Verein 1879/80 eine Volksküche in der Langenstraße eingerichtet, die billige Speisen anbot. Damit sollten die Lebenshaltungskosten der

Unterschicht gesenkt werden. „Die täglich durch 25 Hilfsdamen verteilten Portionen zählten nach Hunderten." (Schwarzwälder 1995, S.392)

Ottilie Hoffmann – Führerin der deutschen Abstinenzbewegung

Ottilie Hoffmann aus Bremen schloss sich als erste deutsche Frau dem Weltbund christlich abstinenter Frauen an und wurde Führerin der deutschen Abstinenzbewegung.

Am 14.07.1835 in Bremen geboren, arbeitete sie nach einem mühsamen Ausbildungs- und Arbeitsweg zunächst als Lehrerin in Bremen. Sie engagierte sich in der Frauenbewegung und gründete 1867 in Bremen zusammen mit Marie Mindermann den „Bremer Frauenerwerbs- und Ausbildungsverein" zur Ausbildung von Mädchen in gewerblichen und kaufmännischen Berufen. Durch einen Aufenthalt in England lernte sie die Sozialbewegung der englischen Frauen und deren Aktivitäten in der Temperenzbewegung kennen.

Anläßlich der im Bremer Bürgerpark 1890 stattfindenden norddeutschen Gewerbe- und Industrieschau, bei deren Aufbau die Arbeiter üblicherweise nur Bier und Branntwein zu trinken bekamen und sich infolge dessen schwere Unfälle ereigneten, setzte sie eine Kaffeeküche durch. (vgl. Eckler 2000, S.67)

Der von ihr 1891 zusammen mit Johannes Schröder gegründete „Bremer Mäßigkeitsverein" nannte sich ab 1915" Bremer Verein für alkoholfreie Speisehäuser". 1894 regte Ottilie Hoffmann die Gründung eines Blau-Kreuz-Vereines in Bremen an, „eines christlich ausgerichteten, aber konfessionell unabhängigen Trinkerrettungsvereins, der 1894 aus der Schweiz ins Kaiserreich gekommen war". (Meyer-Renschhausen 1989, S. 225). In der Schweiz unterhielt der Blau-Kreuz-Verein alkoholfreie Speisehäuser, Kurhäuser und Herbergen.

1900 gründete Ottilie Hoffmann, sie war inzwischen schon 65 Jahre alt, den deutschen Bund abstinenter Frauen, der sich ab 1924 „Deutscher Frauenbund für alkoholfreie Kultur" nannte.

Ziel dieser Vereine war es, mit der Gründung von alkoholfreien Speisegaststätten gesunde Speisen und alkoholfreie Getränke zu erschwinglichen Preisen zu gewährleisten. Mit Kaffee, Milch und Saftgetränken wurde der Kampf gegen den Alkoholmissbrauch aufgenommen.

Alkoholfreie Speisehäuser in Bremen: Die Ottilie-Hoffmann-Häuser

In Bremen gab es vom Ende des 19. Jahrhunderts bis Ende der siebziger Jahre insgesamt 13 alkoholfreie Gasthäuser, die Ottilie-Hoffmann-Häuser hießen. Diese Gasthäuser, die gleichzeitig Orte der Volksbildung waren, verfügten meist auch über Leseraum, Ruheraum und Stillstube.

Das erste alkoholfreie Speisehaus in Bremen wurde 1894 am Stephanietorsteinweg eröffnet.
1901 folgte die "Kaffee- und Frühstückshalle" im Freibezirk (Freihafen). „Die Speisehäuser wurden aufgebaut und auch oft unterstützt von der Spendenfreudigkeit der Bremer". (Ahlers 1965, S.21)
Die Häuser wurden auf Wunsch von Arbeitern oder deren Frauen in verschiedenen Teilen der Stadt errichtet. (vgl. Cyrus 2006, S. 35). Ottilie Hoffmann übernahm die Rechnungsführung der Häuser.
1911 und 1912 errichtete der Verein je ein Milchhäuschen im Freihafen bzw. im Überseehafen. Das Hafengebiet, das vielen Menschen Arbeit bot, war für die „Ottilien" von großer Bedeutung, denn gerade die Hafenarbeiter waren alkoholgefährdet, und die zum Teil tödlichen Arbeitsunfälle stellten sich zumeist als eine Folge des Alkoholkonsums dar. (Eckler 2000, S.70)
Dem Bremer Verein für alkoholfreie Speisehäuser gehörten Ende 1918 zehn Volks-, Kaffee- und Speisehäuser und zwei Milchhäuschen in Bremen. (vgl. Eckler 2000, S.70).
Die Einrichtung der alkoholfreien Speisehäuser bewirkte eine praktische Befreiung vom Alkoholzwang, wie ihn die Brauereien als Vorpächter der Wirtschaften durchgesetzt hatten. (vgl. Meyer-Renschhausen 1989. S. 269).
Die Bremer Ortsgruppe des deutschen Bundes abstinenter Frauen bewirtschaftete 1919 zwei Häuser: das 1910 eröffnete Haus „Weiße Schleife" in der Neuenstraße sowie das „Ottilie-Hoffmann-Haus" in der Katharinenstraße (vgl. Eckler 2000, S. 70f). Die weiße Schleife ist das Zeichen abstinenter Frauen.
In der Neuenstraße überwog der sozialfürsorgerische Charakter der Arbeit des Frauenbundes, hier wurden die Armen und Verarmten versorgt, während in dem Haus in der Katharinenstraße auch der Mittelstand und gehobene Schichten angesprochen werden sollten.
Das schöne Barockhaus in der Katharinenstraße kaufte Ottilie Hoffmann ohne Einwilligung ihres Vorstandes im Jahr 1919. Dieses Haus wurde nach dem Umbau zu der beliebtesten alkoholfreien Gaststätte Bremens. (vgl. Ahlers 1965, S. 22)
„Mit der Begründung dieser beiden Häuser ging Ottilie über den Rahmen der kleinen Wohlfahrtsarbeit hinaus, denn hier begann sie die *Reform von Gaststätten*, die allen Schichten der Bevölkerung dienen sollten. Sie legte Wert auf *gepflegte preiswerte* Speisen – die bislang nur als notwendige Beigabe zum Alkoholverzehr nachlässig in den Wirtshäusern bereitet wurden-, sie hielt auf freundliche Bedienung ohne Trinkgelder, helle Vorhänge, Blumen auf den Tischen- kurzum sie versuchte, eine *„gute Häuslichkeit" ins öffentliche Leben zu übertragen."* (Ahlers 1965, S. 22, Hervorhebungen dort)

Das Haus in der Katharinenstraße sorgte für gute Umsätze, so dass mit den Einnahmen dieses Hauses in der Innenstadt die in Krisenzeiten eher defizitär laufenden „Ottilien“ am Hafen gestützt werden konnten. In seiner besten Zeit hatte das Haus täglich 720-760 Gäste. Neben dem großen Festsaal, in dem die höheren Schulen ihre Abschiedsfeiern bei alkoholfreien Bowlen veranstalteten, gab es noch drei große Speiseräume und ein Lesezimmer. (vgl. Deutscher Frauenbund für alkoholfreie Kultur e.V. 1932)

Nach dem Tod von Ottilie Hoffmann am 20.12.1925 führten viele engagierte Frauen in Bremen, vor allem Anna Klara Fischer, die bereits 1921 als Nachfolgerin die Leitung des Frauenbundes übernommen hatte, ihr Werk fort.

Der Frauenbund für alkoholfreie Kultur e.V. hatte – bis auf zwei Häuser, die dem Bremer Verein für alkoholfreie Speisehäuser gehörten – Mitte der zwanziger Jahre die Leitung der alkoholfreien Gaststätten in Bremen inne. Die Häuser wurden mit großem sozialem Engagement geführt; sie waren nicht nur behaglich eingerichtete Gasthäuser, in den man gut und günstig essen und Obstsaft trinken konnte, es wurden auch Bildungsveranstaltungen angeboten.

Die Häuser waren zu einem besonderen Teil der Gaststättenkultur geworden und in der Bevölkerung so bekannt, dass es hieß: „Wir gehen zum Essen nach Ottilie.“ (vgl. Cyrus, S. 25). Offiziell wurden die meisten der alkoholfreien Speisehäuser in Bremen und an anderen Orten erst 1928 in „Ottilie-Hoffmann-Häuser“ umbenannt. (vgl. Meyer-Renschhausen 1989, S. 225)

Eine Besonderheit war das 1929 fertig gestellte „Milchhäuschen“ am Osterdeich. In der Hauptsache wurde dort Milch ausgeschenkt; man bekam außerdem Kakao, Kaffee, Obst- und Traubensäfte, Kuchen, Butterbrote und anderes. Wegen seiner schönen Lage an der Weser und seiner besonderen Ausstattung mit Stillstube, Terrasse und einem Sandspielplatz für Kinder war es sehr beliebt. (vgl. Deutscher Frauenbund für alkoholfreie Kultur e.V. 1929)

Auch im Hafengebiet gab es in der Zeit von 1927 bis 1929 drei Neugründungen, die mit der Hoffnung verbunden waren, den Arbeitern einen Schutz gegen die Versuchungen der vielen umliegenden Kneipen bieten zu können. Eines dieser Häuser verfügte über einen Ruheraum, in dem sich die Arbeiter mittags hinlegen konnten (vgl. Eckler 2000, S. 82)

„Besonders in Krisenzeiten, wie im Ersten Weltkrieg, am Ende der Weimarer Republik und in den Jahren nach dem Zweiten Weltkrieg nahmen die Häuser lebensnotwendige, soziale und letzten Endes auch gesellschaftspolitische Aufgaben wahr“. (Eckler 2000, S. 83)

1926 eröffnete der Frauenbund ein neues Ottilie-Hoffmann- Haus auf einem vom Bremer Senat zur Verfügung gestellten Grundstück in der Hansastraße. Dieses Haus

verfügte über einen großen Speisesaal im Erdgeschoß und einen besonderen Speiseraum für Damen sowie ein Lese- und Schreibzimmer im ersten Stock. Mit den Angeboten dieses Hauses sollte der Mittelstand angesprochen werden.
Um für die vielen Erwerbslosen einen großen Speisesaal zur Verfügung zu haben, musste der Betrieb im Ottilie-Hoffmann-Haus in der Hansastraße in den Jahren der Weltwirtschaftskrise umgestellt werden: Der Speiseraum für den Mittelstand wurde aus dem Erdgeschoss in den ersten Stock verlegt. Zusätzlich richtete der Verein zwei Wärmestuben in direkter Nähe des Hauses Hansastraße ein. Man versorgte die Wärmestuben, in denen sich Erwerbslose beliebig lange aufhalten und spielen konnten (u .a. Schach), mit alkoholfreien Getränken und Suppen aus dem Ottilie-Hoffmann-Haus Hansastraße, das nun den Charakter eines Volkshauses hatte. (vgl. Eckler 2000, S. 86f)
Mit dem im Kriegsjahr 1940 am Weserbahnhof neu errichteten Fernfahrerheim wurde zum ersten Mal ein ganz neuer Weg beschritten. Während die anderen Ottilie-Hoffmann-Häuser dem Besucher nur Bewirtung und Rast während der Tagesstunden boten, diente das Fernfahrerheim auch zu Übernachtungszwecken. (vgl. Cyrus 20006, S. 260f)
Im zweiten Weltkrieg wurden fast alle alkoholfreien Gasthäuser in Bremen zerstört. Mit viel Energie gingen die Frauen wieder ans Werk und ließen sogenannte „Holzbaracken“ errichten, die erste 1947 am Bremer Hauptbahnhof. (vgl. Eckler 2000, S. 93f)
Das schönste Haus nach dem Krieg wurde das Ende 1949 gegenüber dem neu geschaffenen Theater eröffnete Ottilie-Hoffmann-Haus am Ostertor.
In den fünfziger Jahren existierten wieder acht Ottilie-Hoffmann-Häuser, die sich erneut großer Beliebtheit erfreuten. Von den Häusern im Hafengebiet konnte nur ein Haus, die „Barkhausenkaje“, im Jahr 1952 seinen Betrieb wieder aufnehmen. (vgl. Eckler 2000, S. 96)
Aufgrund der Veränderungen des Lebensstandards, der Essgewohnheiten und der zunehmenden Alkoholakzeptanz gerieten die alkoholfreien Speisehäuser in den sechziger Jahren in eine Krise, so dass ein Haus nach dem anderen schließen musste.
Eckler (2000, S.97f) führt auch die nachlassende Wertschätzung ehrenamtlicher, unbezahlter Arbeit als Ursache für die Schließung der Häuser an. Es gab nun keine jungen Mädchen aus gutem Hause mehr, die sich regelmäßig zur sozialen Hilfsarbeit zur Verfügung stellten, wie zu Lebzeiten Ottilie Hoffmanns.
Das „Milchhäuschen am Osterdeich“ mit seinem imposanten Rundbau blieb zunächst als letztes Gasthaus übrig; es wurde dann Ende der siebziger Jahre vom Frauenbund verkauft.

Literatur / Internet

Ahlers, Else, Ottilie Hoffmann. Bremen. Das Lebensbild einer Reformerin. Bremer Verein für alkoholfreie Speisehäuser (Hrsg.). Bremen 1965

Baumgartner, Judith, Antialkoholbewegung. In: Kerbs, Diethart/Reulicke, Jürgen(Hrsg.) : Handbuch der deutschen Reformbewegungen: 1880-1933, Wuppertal 1998, S.141-154

Cyrus, Hannelore, Die Fackel weitertragen! Der Deutsche Frauenbund für alkoholfreie Kultur von 1900 in Bremen – seine Frauen, seine „Führerinnen und seine „Ottilien". H. Cyrus. Books on Demand Norderstedt 2006

Deutscher Frauenbund für alkoholfreie Kultur e.V. Jahresbericht 1929. In: Staatsarchiv Bremen. Nachlass 7.1021

Deutscher Frauenbund für alkoholfreie Kultur e.V. Jahresbericht 1932. In: Staatsarchiv Bremen. Nachlass 7.1021

Deutscher Verein gegen den Missbrauch geistiger Getränke. Brief an den Bremer Senat. Berlin 1904. In: Staatsarchiv Bremen. 3-T.5

Eckler von Gleich, Cecilie, Die Ottilie-Hoffmann-Häuser in Bremen. In: Eckler von Gleich, Cecilie (Hrsg.): „Komm wir gehen nach Ottilie". Bremen 2000, S. 67-99

Heyne, Bodo: Johannes Schröder. Bremen 1837-1966. Vortrag v. 12.02.1966. Bremen 1966

Meyer-Renschhausen, Elisabeth, Weibliche Kultur und soziale Arbeit. Köln/Wien 1989

Meyer-Renschhausen, Elisabeth, Frauenbewegung. In: Kerbs, Diethart/ Reulicke, Jürgen (Hrsg.): Handbuch der deutschen Reformbewegungen: 1880-1933. Wuppertal 1998, S. 167-179

Morgenstern, Lina, Die Volksküchen in Berlin. In : Die Gartenlaube , Jg. 1866, Heft 27, S.431

Pastuschka, Bernd, Kaffeeklappen. Sozial- und Architekturgeschichte der Volksspeisehallen im Hamburger Hafen. Verlag Döllinger und Galitz. Hamburg 1996

Plancke, Mathilde, Ottilie Hoffmann. Ein Beitrag zur Geschichte der deutschen Frauenbewegung. Bremen 1930

Schwarzwälder, Herbert, Geschichte der Freien Hansestadt Bremen. Band 2. Bremen 1995

Teuteberg Hans-Jürgen: Kaffee. In: Hengartner, Thomas/ Merki, Christoph Maria. Genussmittel .Eine Kulturgeschichte. Insel Verlag Frankfurt/M. 2001, S. 91-131

http://www.deutscher-frauenbund.de/html/start.html. Stand: 15.10.2012

http://www.bremer-frauenmuseum.de/frauenhandbuch/hoffmann.html. Stand: 15.10.2012

Susanne Finsterer

# Bio-Qualität und Nachhaltigkeit



## 1 Einleitung

Ein gutes Jahrzehnt nach Einführung des staatlichen Biosiegels in Deutschland ist die Entwicklung desselben vielschichtig zu hinterfragen. Dient es als Qualitätsmerkmal? Als demonstrativer Ausdruck für die politische Haltung bewusster Konsumenten? Als Gütesiegel teurer Lebensmittel und damit Versinnbildlichung eines luxuriösen Lifestyles?

Bezüglich seiner Ausbreitung ist das Biosiegel jedenfalls eine politische Enttäuschung. Obwohl die bei der Entstehung angedachte Größe deutlich unterboten wird, stehen dem allerdings hohe Beliebtheitswerte gegenüber, die zumindest der Symbolik des Siegels recht geben. Im Jahre 2010 nahm der ökologische Landbau in Deutschland 5,9 % der gesamten landwirtschaftlich genutzten Fläche ein. (Finsterer 2012, Bio-Siegel, S. 6) Die Autorinnen Ulrike Eberle und Mitherausgeberinnen stellen in ihrem Sammelband zur „Ernährungswende" fest, die „heutige Ernährungssituation ist nicht nachhaltig: In Deutschland stehen wir vor allem vor dem Problem, einen angemessenen Umgang mit dem vorhandenen Nahrungswohlstand zu finden" (Eberle u. a., 2006, S. 13) Sie sehen Handlungsbedarf für die Politik und „auch in Bezug auf die Gestaltung von Ernährungsangeboten und Infrastrukturen sowie der Ausrichtung von Ernährungsleitbildern". (S. 15)

Ausgangspunkt ist die in Deutschland 2001 als Agrarwende bezeichnete Überlegung, dass die zukünftige Landwirtschaft Lebensmittel produzieren soll, die gleichzei-

tig gesund, umweltverträglich und sozial akzeptabel sind. Dazu gehört das Bestreben, „nachhaltige Formen der Vermarktung" zu entwickeln. (Schäfer 2005, S. 129) Der Bio-Fachhandel sieht sich dabei in Konkurrenz zum konventionellen Einzelhandel mit Lebensmitteln. „Das ausschließliche Angebot von Bioprodukten vermittelt Vertrauen und Kompetenz", weil damit eine professionelle Beratung über Produkte und deren Anwendung verknüpft ist oder erwartet wird. (S. 138)
Konsumenten stützen sich auf Öko-Label, um sich über Qualität und Herkunft von Lebensmitteln zu orientieren. Symbole und Gütesiegel vermitteln Vertrauen. (Katz 2002, S. 199) Die Umsätze von Bio-Lebensmitteln stiegen von 1997 bis 2008 um etwa das Vierfache auf fast sechs Milliarden Euro. (Bechmann 2009, S. 141) Der Bio-Lebensmittelmarkt erwirtschaftete einen Anteil von ungefähr 3,5 % im Jahre 2008. (S. 141) Für Bio-Konsumenten erscheint die „Praxis des Umganges mit Natur und Leben als Sackgasse für die Konventionelle Landwirtschaft". (Bechmann 2009, S. 189) Aus Biosicht „ist sie zu einem Problem- und Risikofaktor für unsere Gesellschaft geworden, weil ihre Produktionsweise zu Belastungen und Zerstörungen der Umwelt geführt haben, „eine tierquälerische, artentfremdete Tierhaltung praktiziert" wird, sie „nach heutiger Kenntnis mit der Nutzung der Gentechnik nicht angemessen steuerbare Risiken eingeht", „ihre natürlichen Ressourcen häufig übernutzt" und „große Abhängigkeiten von Vorprodukten (Dünger, Agrarchemikalien, Saatgut usw.) aufweist". (S. 189) Einen Wandel der Bio-Kauf-Motive sieht Maike Bruhn aufgrund ihrer direkten Abfrage des Käuferverhaltens im Rahmen ihrer empirischen Sozialforschung. Seit den 90er Jahren habe „das Umweltschutzmotiv an Bedeutung verloren" gegenüber gesundheitlichen Gründen, die „mit Abstand die größte Kaufrelevanz ausweisen. Beim Kauf von Bioprodukten dominieren folglich mit steigender Tendenz egoistische Motive vor altruistischen Kaufkriterien." (Bruhn 2002, S. 218)

## 2 Essen kulturell begreifen (Spiekermann)

Versteht man, wie der Historiker Uwe Spiekermann, „die Auseinandersetzung um die rechte Art des Essens als eine kulturelle, so sehen wir bestehende Probleme der Vermittlung von wissenschaftlichem Wissen und den damit verbundenen rationalen Lebensentwürfen in einem anderen Licht … Wir verstehen, blicken wir auf die so diffizilen Grenzziehungen um den Döner, wie wenig Naturwissenschaft und Medizin allein in der Lage sind, die Gründe für bestimmte menschliche Verhaltensweisen überhaupt wahrzunehmen." (Spiekermann 2002, S. 99-100) In Wohlstandsgesellschaften, so Spiekermann, werden Essen und Ernährung „für die Zufuhr lebensnotwendiger Nahrungsbestandteile" weniger wichtig, während sie gleichzeitig und zunehmend als „Teil des kulturellen Spiels" erscheinen: Ernährung und Essen bilden „immer stärker die Projektionsfläche unserer Wünsche, unserer Ziele, unserer Hoffnungen, unserer Ängste". (S. 100) So „beschleunigen sich die Grenzziehungen in unserer Gesellschaft, die sich im Essen, in unseren Lebensmitteln, konkretisieren. Essen ist schließlich eine Grenzziehung sui generis. Was ich esse, können andere nicht essen." (Spiekermann 2002, S. 100) Es bedarf kultureller Kenntnisse, um naturwissenschaftliche Empfehlungen zur Ernährung umzusetzen. (S. 100) Der Autor sieht „Wissenschaft und Ernährungsalltag als sich fremde Ernährungskulturen". (Spiekermann 2002, S. 99)

Spiekermanns Sichtweise beinhaltet, „dass viele der vermeintlich aktuellen Trends keineswegs geschichtslos sind", sondern sich über mehr als einhundert Jahre zurückverfolgen lassen. (Spiekermann 1999, S. 7) Besonders wichtig erscheint dem Autor als Historiker und Kulturwissenschaftler seine Kritik zur Ernährungswissenschaft. „Essen lässt sich aber nicht auf Lebensmittel reduzieren, nicht auf neue Produktangebote. Essen ist vielmehr eine sozial und kulturell eingebundene menschliche Haltung, konstituiert ein widersprüchliches Terrain, auf dem die helle Fackel der Ernährungswissenschaft nur wenig Licht gibt." (S. 7) Zuwachsraten der nächsten Jahre für Öko-Kost gründen sich, wie Spiekermann vermutet, „vorrangig" auf hohes Sozialprestige von Premiumprodukten. (Spiekermann 1999, S. 8) Der Volkswirt Thomas Kutsch vom Institut für Agrarpolitik, Marktforschung und Wirtschaftssoziologie in Bonn betont die „Einstellungen zur Ernährung als konkret praktiziertes Ernährungsverhalten" Sie „ sind nach wie vor vielfältig eingebunden und rückbezogen in und auf Traditionen, kulturelle Kontexte, liebgewonnene Gewohnheiten, auf in der Jugend gelernte Muster, sozial reputierliche und prestigeträchtige Waren, landsmannschaftliche Herkünfte, „Einkaufserlebnisse" und Bequemlichkeiten des Einkaufs sowie früh gelernte Geschmacksvorlieben. Nach wie vor hat die Nahrungsaufnahme für die Menschen – außerhalb des Sättigungswertes – wesentlich auch soziale Zusatzbedeutungen", wozu Werte und Lebensstile gehören. (Kutsch 1999, S. 15) Ein sozialer Anpassungsdruck verstärkt Bindungen, und es kann „besonders schwer fallen, eine spezielle Diät zu wählen, wenn man befürchten muss, sich dadurch abzusondern" (S. 15)

Kulturgeleitete Nahrungsaufnahme findet außer im allgemeinen Alltag gleichzeitig in den Milieus von Hochbetagten und Säuglingen, in Schulen, Kliniken und Gefängnissen statt. (Spiekermann / Schönberger 2002) Hinzuzufügen sind Kantinen und Mensen.

## 3 Zu einer Zwischenbilanz ökologischer Lebensmittelproduktion

Der Konsum von Lebensmitteln erfolgt mittlerweile teilweise unabhängig von den Jahreszeiten. In ihrer zeitlichen und räumlichen Perspektive stellen Stefanie Böge und Uta von Winterfeld fest: es gibt hierzulande „Erdbeeren im Januar, Kirschen im

April und Spargel im September". (Böge / Winterfeld 1995, S. 98) Inzwischen ist die Liste viel länger und Zwischenergebnis des Prozesses sogenannter Globalisierung, zu dem auch Veränderungen des Geschmacks von Lebensmitteln gehören. (S. 101-102)

Dass von umweltgerechter Landwirtschaft im Falle der zur Zeit weltweit vorherrschenden und als konventionell bezeichneten Landwirtschaft keine Rede sein kann, ist wohl unbestreitbar und wird von Sabine Normann-Schmidt zum Ausgangspunkt ihrer Empfehlung, „dieses System auf das ökologisch verträgliche Maß zu reformieren. Dann würden Nahrungsmittel wieder zu Lebensmitteln mit einem hohen Gesundheitswert." (Normann-Schmidt 1995, S. 236) Das derzeitige System der Landwirtschaft verursacht eine Vielzahl von Problemen in den Bereichen Umwelt und Gesundheit, ist unter anderem ursächlich für Artenrückgang, Boden- und „Gen-Erosion". (S. 236) Bisher werden in der industrialisierten agrarischen Produktion ökologische Überlegungen von scheinbaren oder tatsächlichen Zwängen unterdrückt, die sich aus vielfältigen Interessen wie Leistungssteigerung, Veredelungswirtschaft, Verarbeitung, Vermarktung, „organisiertem Konsum" im Interesse multinationaler Konzerne und denen folgende Landwirtschaftspolitik ergeben. (Normann-Schmidt 1995, S. 235-236)

Grundlage der bisherigen Entwicklung ist die Düngungspraxis, welche auf der Mineralstofftheorie beruht. „Sie geht von der Annahme aus, daß die Pflanzenernährung von der Zuführung anorganischer Nährstoffe abhängig ist. Um einen hohen Ertrag zu erzielen, werden im Boden mit löslichen Düngesalzen große Nährstoffvorräte angelegt und regelmäßig aufgefüllt.", insbesondere auch mit Nitrat. (S. 37) Die mineralische Düngung stammt aus der Mitte des 19. Jahrhunderts. In Deutschland wurden nach dem Zweiten Weltkrieg die landwirtschaftlichen „Kleinstrukturen durch die Flurbereinigung aufgehoben, die Fruchtfolgen wieder verengt bis zur Monokultur, die Bodenbearbeitung von leichtem Gerät auf schwere Traktoren umgestellt, nach und nach die Viehwirtschaft vom Pflanzenbau getrennt, die Felder in weiten Gebieten zur Entsorgung der Gülle missbraucht, und die angewendeten Mineraldüngermengen (Stickstoff, Phosphor und Kalium) ständig gesteigert – teilweise bis zum vollständigen Ersatz der organischen Düngung. Parallel dazu stieg der Einsatz von Pestiziden mit der Anzahl der Wirkstoffe und ihren Aufwandmengen." (Normann-Schmidt 1995, S. 38) Die moderne Agrarwissenschaft hängt an „einer mechanistischen Modellvorstellung von der Pflanzenernährung und den Bodenfunktionen". (S. 38) Die Mineralstofftheorie und eine darauf gründende Düngelehre, vom Labor aufs Feld gebracht, dient hauptsächlich der Maximierung des Ertrags – gewissermaßen um jeden Preis. Allerdings treten Pflanzenkrankheiten, „Unkräuter" und allerlei Schädlinge verstärkt auf, was „man mit chemischen Pflanzenschutzmaßnahmen und Saatgutmanipulationen zu lösen“ versucht. (Normann-Schmidt 1995, S. 38-39) Vermeiden erschiene wohl besser als vermindern. Der hohe Einsatz von mineralischem Stickstoff wäre dringend „nach dem neuesten Kenntnisstand der Naturwissenschaft zu überprüfen.“ (S. 39)

Zur Entwicklung dieses Erkenntnisstandes leistete Christiane Bäcker-Haase ihren wissenschaftlichen Beitrag im Rahmen von Lebensmittelwissenschaft und Lebensmittelchemie an der Universität Bonn. Ihre Dissertation trug 1990 den Titel „Vergleich der Qualität „alternativ“ und „konventionell“ erzeugter primärer, pflanzlicher Lebensmittel – speziell Untersuchungen zur Verteilung der Parameter Nitrat und Gesamtzucker“. Sie erwähnt die „mannigfache Literatur“ über „jede Menge Analysen diverser Pflanzeninhaltsstoffe (Carotin, Vitamine B1, B2, C; Rohprotein; Aminosäuren; Pflanzenschutzmittel; Fremdstoffe) in den unterschiedlichsten Pflanzenarten ... (Getreide; Äpfel; Möhren; Kartoffeln; Spinat; Salat u. a.), die aber zu keinem einheitlichen Ergebnis kommen. Das Problem liegt schon in der Probennahme, weil zur objektiven Beurteilung bei allen Untersuchungen stets die gleiche Sorte einer Pflanze nötig ist, da jedes biologische Material eine natürliche Variabilität der genetischen und morphologischen Faktoren besitzt. Ebenfalls fehlen bislang allgemeingültige Bewertungsmaßstäbe, die zu einer eindeutigen Aussagefindung bei allen Analysen gewährleistet sein müssen.“ (Bäcker-Haase 1990, S. 131-132) Wertgebende Inhaltsstoffe standen im Mittelpunkt des Erkenntnisinteresses von Bäcker-Haase, weil eine Reihe von Nahrungsmittelskandalen das Interesse an „richtiger“ Ernährung gefördert hatte. In Deutschland gab es „– Kalbfleisch mit Hormonen – Weine mit Diethylenglykol – Teigwaren aus angebrüteten Eiern, dazu die Fleisch-, Butter-, Obst- und Gemüseberge der EG sowie steigende Nitrat- und Pestizidbelastung des Trinkwassers“. (S. 1)

Alternativen zu der herkömmlichen Anbaumethode erfuhren zunehmend öffentliches Interesse und waren Gegenstand zahlreicher Studien, die Umweltbelastungen oder Qualitätsvergleiche beinhalteten. Käufer von Ökoprodukten gehen von der Hochwertigkeit der bevorzugten Ware aus, während aus dem konventionellen Landbau eine höhere Qualität von Ökoware bestritten wird. (Bäcker-Haase 1990, S. 1) Dies hier zu erwähnen, bedeutet natürlich nicht, Überdosis Nitrat sei sinnvoll oder gesund. Unbestritten sind die Mengensteigerungen landwirtschaftlicher Produkte in Deutschland seit 1900, als ein Bauer vier Menschen versorgte, während es heutzutage vierzig sind. Die dafür nötige Anbaufläche verringerte sich von etwa 0,48 ha auf 0,25 ha. (S. 3) Die Intensivierung der Agrarwirtschaft, „Rationalisierung, Mechanisierung, Verbesserung der Produktionsmethoden und Züchtungsfortschritte waren dafür unerlässlich, führten aber auch zu erhöhtem Leistungsdruck auf die Erzeuger“. (Bäcker-Haase

1990, S. 3) Parallel dazu ist unter anderem auf Energieverbrauch, Wasser- und Bodenverschmutzung hinzuweisen. (S. 3)
Biologisch-dynamische Wirtschaftsweise findet sich international: Beispiele gibt es in verschiedenen Ländern Europas, Mexiko und Australien. (Bäcker-Haase 1990, S. 3)
Im schweizerischen Mittelland veränderte sich die Agrarstruktur in den letzten Jahrzehnten dahingehend, dass inzwischen „etwa zehn Prozent der Landwirtschaftsfläche nach biologischen Richtlinien bewirtschaftet“ werden. (Steiner 2009, S. 14)
Idealerweise gäbe es weltweit ein Verständnis für das Problem, „die Bedürfnisse einer wachsenden Zahl von Menschen bei einer gleichzeitigen Begrenzung des Abbaus natürlicher Ressourcen und Verminderung von Umweltbelastungen auf lange Sicht zu befriedigen“. (Enquete-Kommission nach Kaatsch u. a. 2008, S. 61) Wirtschaft, Wissenschaft und Politik ziehen jedoch bei weitem nicht immer am gleichen Strang. „Obwohl die Notwendigkeit einer nachhaltigen Entwicklung der Landwirtschaft vielfach beschworen wird und auch politisch außer Zweifel steht, erfolgt eine Nachhaltigkeitsbewertung landwirtschaftlicher Betriebe derzeit nicht und wird auch nicht politisch gefördert.“ (Breitschuh / Eckert 2008, S. 81) Dabei sollten die Ziele einer zukünftigen „multifunktionale(n) Landwirtschaft“ nach den Vorstellungen von Gerhard Breitschuh und Hans Eckert umfassend sein und neben anderem Hunger und Energieknappheit bekämpfen, dabei „Nahrungsmittel in ausreichender Menge und hoher Qualität“ bereitstellen, „nachwachsende Rohstoffe ... erzeugen“, „die Kulturlandschaft und ein notwendiges Maß an biologischer Vielfalt ... erhalten“, „den Charakter des ländlichen Raums ... bewahren“ sowie „die sozialen Funktionen der Landwirtschaft, einschließlich agrarsozialer und tiergerechter Leistungen nachweisbar ... gewährleisten.“ (S. 82)
Nicht zu vergessen sind dabei die marktwirtschaftlichen und die agrarmarktpolitischen Rahmenbedingungen, wie sie Ulrich Koester in seinem aktualisierten Lehrbuch darstellt. (Koester 2010)

## 4 Bio-Qualität als Versprechen und Realität

Die Bezeichnungen „bio“ und „öko“ werden als erhofftes oder behauptetes Qualitätsmerkmal synonym verwendet. Karl von Koerber erweitert den Ausdruck Öko-Kost, indem er mehr meint als lediglich ökologische Erzeugung, „sondern insgesamt ökologisch verträglichere Lebensmittel.“ (Koerber 1999, S. 32) Dazu zählt er saisonale und regionale Produkte, denn kürzere Transportwege verringern Energie-, Rohstoff- und Verpackungsaufwand sowie Schadstoffemissionen. Verpackungen von Lebensmitteln umfassen ein Viertel des Hausmülls. (S. 32) Bei unseren derzeit vorherrschenden Lebensweisen beklagt Koerber, beispielhaft für viele andere Autoren, einen zu hohen Verbrauch tierischer Lebensmittel, das heißt Fleisch, Wurst, Eier, „zu

viele stark verarbeitete und konzentrierte Produkte, besonders Süßigkeiten, Kuchen, Eis, Konserven und Fertigprodukte.“ (Koerber 1999, S. 33) Auch die Verpackungen selbst wünscht er sich umweltfreundlich hergestellt, die Lebensmittel „fair gehandelt“ und „schmackhaft zubereitet“. (S. 34) „Wichtig ist dabei, dass nicht nur die gesundheitliche Dimension der Ernährung gesehen wird, sondern auch die ökologische, ökonomische und soziale Dimension. Daraus sind kurz und prägnant die zentralen Säulen für einen zukunftsfähigen Ernährungsstil abzuleiten“. (Koerber 1999, S. 34)
Die „Bedingungen für die Kennzeichnung und Werbung von Bio-Lebensmitteln“ sind aus der Sicht von Sylvia Mahnke-Plesker, Referatsleiterin für Qualität beim Bundesverband Naturkost Naturwaren Großhandel e. V., Begrenzungen von Zutaten nichtlandwirtschaftlichen Ursprungs („Lebensmittelzusatzstoffe, Aromen, Kulturen von Mikroorganismen, Mineralien), nur gelistete Verarbeitungshilfsstoffe, Verzicht auf ionisierende Strahlen beim Erzeugnis oder seinen Zutaten, Herkunft aus kontrollierten Betrieben, Name oder Codenummer der Kontrollstelle. (Mahnke-Plesker 1999, S. 36) Aus den Publikationen zum Qualitätsvergleich zwischen ökologisch und konventionell angebauten Produkten entnimmt auch sie die entscheidenden Hinweise auf überwiegende Qualitätsvorteile von Ökoprodukten. (S. 37) Als Beispiel für deutliche Unterschiede zwischen Bio-Produkten und konventioneller Ware wählt die Autorin Obst- und Gemüsesäfte. „Bio-Säfte sind Direktsäfte, das heißt die Rohware wird nach sorgfältiger Qualitätskontrolle erntefrisch direkt gepresst, pasteurisiert und in Flaschen abgefüllt.“ (Mahnke-Plesker 1999, S. 38) Demgegenüber wird konventionelle Ware „meist aus rückverdünnten Konzentraten hergestellt – Aromaeinbußen durch Eindampfung und zweifaches Erhitzen sind die Folge. Vitaminverluste werden durch nachträgliche Vitaminisierung ausgeglichen. Nach der Rückverdünnung wird geschönt und geklärt durch Homogenisieren mit Tannin, Agar-Agar, Holzkohle, Kieselöl, Bentonit, Kaliumhexacyanoferrat oder Gelatine. Der Einsatz von Enzymen bei der Saftgewinnung als Prozessbeschleuniger ist ebenfalls üblich. Da Enzyme, genau wie die anderen genannten Stoffe, nur während der Verarbeitung wirken, sind sie nicht deklarationspflichtig – auch nicht, wenn sie gentechnisch verändert wurden“. (S. 3) Den Einsatz von Farbstoffen und Aromen wertet die Naturkostbranche als „Täuschung des Verbrauchers“, denn er „kann nicht mehr erkennen, wie viel Frucht in Wahrheit in einem aromatisierten und gefärbten Produkt enthalten ist.“ (Mahnke-Plesker 1999, 39)
Weil der Wissenschaftsbetrieb selten anschauliche Beispiele aus aktuellem Geschehen veröffentlicht, erscheint es an dieser Stelle hilfreich, mögliche Täuschungen von Konsumenten zu erwähnen, von denen der Journalist Hans-Ulrich Grimm im Zusammenhang mit Backwaren berichtet hat: Eine Schweizer Großbäckerei, die auch in Deutschland, Österreich, Polen, Großbritannien, Japan, Singapur und Malaysia

sowie den USA vertreten ist, hat zahlreiche Produkte im Rahmen ihrer angeblichen „Bäcker-Ökologie“ angeboten, obwohl weit weniger als zehn Prozent davon „den gesetzlichen Bio-Richtlinien“ entsprochen hat. (Grimm 2002, S. 150) Zur Zutatenliste zählten meistens Enzyme, Farbstoffe, Aromen, Konservierungsmittel, Stabilisatoren, Geschmacksverstärker und Säuerungsmittel. (S. 151) Auch von „Duftmarketing“ ist die Rede. (S. 153) Eine andere Großbäckerei wirbt mit ihrem „Brot-Reinheitsgebot“, wonach sie angeblich nur „Mehl, Hefe, Wasser, Salz, natürlichen Sauerteig und sonst nichts“ verwendet. Aber, wie ein Geschäftsführer zum Thema Chemie erzählte, zur gewünschten „Knackigkeit und Krustenkonsistenz“ trägt eine Reihe von Zusatzstoffen bei, die der Autor auflistet. (Grimm 2002, S. 151-152) „Es gibt auch, merkwürdigerweise, kein Gesetz in der Bundesrepublik Deutschland, das festlegt, was ein Brot ist, was hineingebacken werden darf und was nicht.“ (S. 153) Der fortschreitende Industrialisierungsprozess zeigt sich beim Brot besonders deutlich. Der Produktionsprozess trägt immer weniger handwerkliche Merkmale, obwohl manche Werbeaussagen anderes nahelegen. Bei Brötchen stieg der Absatz von Fertigmischungen rapide an. (Grimm 2002, S. 156) Zum Unterthema Brötchen wird an den Zusatzstoff Cystein erinnert, der das Produkt aufblasen soll. Autoren eines „Backzutaten-Breviers“ nannten Cystein einen natürlichen Stoff, weil er „im menschlichen Körper“ vorkomme, „zum Beispiel in den Haaren, in den Finger- und Fußnägeln und im Blut“. (S. 157) Fachleute „versichern, dass der ehedem aus Menschenhaaren gewonnene Natur-Zusatz fürs Frühstücksbrötchen nach Protesten mittlerweile synthetisch gewonnen wird.“ (Grimm 2002, S. 157) Aus dem Jahre 1993 stammen Berichte, wonach Mitarbeiter in Backbetrieben eine vermeintliche Mehlallergie erlitten, die sich als Folge der Verwendung eines Enzyms herausstellte. Brot mit dem Enzymzusatz Alpha-Amylase verursachte „sogar Hautquaddeln“. (S. 159)

Ebenfalls wie oben Mahnke-Plesker aus der Perspektive des Bundesverbandes Naturkost Naturwaren Großhandel und auf der Basis einer eigenen Studie berichtet Elke Röder über soziale Daten ihrer Kundengruppe, die ähnlichen Untersuchungen im wesentlichen zu entsprechen scheint, was Alter (überwiegend 30 bis 50 Jahre), Bildung (60 % Abitur, 48 % Hochschulabschluss) und Kaufmotive (Gesundheit, Umweltfreundlichkeit, Vertrauen in die ökologische Qualität der Produkte) betrifft. Röder meint, die „Naturkostkunden lassen sich schon lange nicht mehr auf das „alternative Milieu“ reduzieren.“ (Röder 1999, S. 35)

Die Naturkost-Darstellung soll hier lediglich als Beispiel dienen, deshalb bleiben die Qualitätsunterschiede zwischen den Regeln der Anbauverbände an dieser Stelle im Einzelnen unerwähnt. (Siehe: Finsterer 2012, Bio-Siegel)

Bio-Siegel unterliegen Kontrollen (Finsterer 2012, Bio-Siegel), aber „bio“ ist kein gesetzlich geschützter Ausdruck. Der Konsumentenschützer Thilo Bode beklagt, „viele

Bio-Produzenten (verhalten sich) keinen Deut besser als Hersteller konventioneller Lebensmittel und können dann umso ungenierter Produkte auf den Markt bringen, die meilenweit entfernt sind von der ursprünglichen Idee der Bio-Lebensmittel." (Bode 2007, S. 135-136) Bode zählt dazu Energy-Drinks und Kirschtorten im Karton. (S. 136) „Zum Bio-Anspruch hatte auch nie gehört, das konventionelle Lebensmittelsortiment in all seinen Verästelungen mit Bio-Varianten zu imitieren", und der relativ niedrige Standard des EU-Bio-Siegels öffnet nach Ansicht von Thilo Bode „vor allem bei verarbeiteten Produkten Tür und Tor für Irreführung und Täuschung durch die Hersteller." (Bode 2007, S. 136-137) Dies gilt zwar als unzulässig, ist jedoch möglich. Darüber hinaus erscheint es dem Lebensmittelrechtler Kurt-Dietrich Rathke und dem Lebensmitteltechnologe Hans-Joachim Kopp „kaum vertretbar, dass Wasch- und Reinigungsmittel, Bedarfsgegenstände wie Lebensmittelverpackungen, Spielwaren oder Mittel zur Geruchsverbesserung mit den Worten bio, öko oder gleichsinnigen Worten beworben werden, wenn sie nicht gegenüber vergleichbaren konventionell hergestellten Produkten besser umweltverträglich sind oder gegebenenfalls den Tierschutz besser verwirklichen." (Rathke / Kopp 2004, S. 153-154)

5 Rein ökonomischen und rein technischen Motiven Grenzen setzen (Barlösius)

Weil Nahrungsgewinnung zur Befriedigung eines Grundbedürfnisses dient und die fortlaufenden Prozesse der Technisierens und Ökonomisierens damit und miteinander verknüpft sind, stellt sich die Frage, wie Gesellschaften damit umgehen. Eva Barlösius erinnert daran, dass es sozialer Regeln und Institutionen bedarf, um „die Eigendynamik beider Prozesse gesellschaftlich einengen, also der Verfolgung rein ökonomischer und rein technischer Motive Grenzen setzen, z. B. mittels moralischer Gebote und rechtlicher Reglementierungen", zu können. (Barlösius 2011, S. 211) Überleben und Gesundheit, körperliches und gesellschaftliches „Wohlergehen" hängen davon ab. (S. 212)

6 Exkurs 1: Tritium in der Nahrungskette (Michel, Hydrogeologie; Rühle, Physik; Höll, Trinkwasserchemie)

Bereits in den siebziger Jahren des 20. Jahrhunderts hat der international anerkannte Trinkwasserchemiker Karl Höll versucht, physikalisch-chemische und biologische Risiken aufzuzeigen, die sich für die Trinkwasserversorgung aus der Nuklearindustrie ergeben. (Höll, 1978) Der Atomphysiker Karl Bechert, vormals Vorsitzender des Bundestagsausschusses für Atomenergie und Wasserwirtschaft, schrieb ein kurzes Geleitwort zur zweiten Auflage des Buches: Karl Höll, Die Wahrheit über die Atomkraftwerke. Gefahren für Mensch und Wasser (1978), wo er auf die Bemühungen Hölls verweist, über das Fachpublikum hinaus zu wirken. (Bechert: Zum Geleit. In:

Höll, 1978) Höll versuchte, „über die Auswirkungen von Atomkraftwerken auf die Umwelt: auf die Pflanzen- und Tierwelt, auf Boden, Wasser und Luft sowie besonders über die Gefahren für die Bevölkerung zu informieren. Die mannigfachen technischen Mängel der Atomkraftwerke auch Kernkraftwerke genannt, werden von Seiten der Auftraggeber, Erbauer und Befürworter verschwiegen oder bei Bekanntwerden von Betriebsstörungen bagatellisiert." (Höll 1978, S. 1) Höll hebt besonders das für den Bio-Kreislauf zentrale Problem möglicher Verseuchung des Trinkwassers hervor, wobei Tritium aus seiner Sicht eine große Rolle spielt. „Tritium, der überschwere, radioaktive Wasserstoff, H 3, wird ständig in großen Mengen über das Kühlwasser in die Flüsse abgegeben. Während für die übrigen radioaktiven Stoffe wenigstens eine gewisse Begrenzung für die Abgabe behördlicherseits festgelegt ist, wird das Tritium bei der Strahlenbelastung und bei Genehmigungsbescheiden ausgeklammert. Wie das Krypton 85 kann auch das Tritium im Kernkraftwerk nicht zurückgehalten werden." (S. 58) Tritium mit seiner Halbwertszeit von 12,26 Jahren ist „bei Flußwasserversorgung unterhalb von Atomkraftwerken im Trinkwasser immer vorhanden" und „auch schon direkt ins Grundwasser gelangt". (Höll 1978, S. 59) Nimmt der Körper Tritium über das Trinkwasser auf, wirkt es im einzelnen Zellkern erbschädigend. (S. 59) Entsprechendes gilt für das radioaktive Jod 131 und Krypton 85. Kernkraftwerke geben Jod 31 über den Kamin in die Umwelt, wo es über den Regen in den Boden gelangt und entsprechend dem Ernährungszyklus über Vieh und Milch besonders in die Schilddrüse von Kindern gelangt. (S. 61)

Bei der behördlichen Überwachung von Trinkwässern sowie Grund- und Oberflächenwässern, die in Deutschland seit 1959 stattfindet, wird deren Gehalt an Radioaktivität erfasst. Neben natürlichen treten künstliche radioaktive Stoffe auf. (Rühle 2010, S. 276) Niederschläge und Grundwasser nimmt in diesem Zusammenhang auch Gert Michel in den Blick. Technogenes, also künstliches Tritium, wird „seit etwa 1963 durch Kernwaffenversuche und seit einigen Jahren vermehrt durch die Nuklearindustrie in die Hydrosphäre eingebracht ... In der Praxis können sich verschieden alte Grundwässer summieren. Das Produkt kann ein Mischwasser sein". (Michel 2010, S. 19)

Horst Rühle verweist in seinem Beitrag über „Radioaktive Stoffe in Trinkwässern" auf fachspezifische Begriffsklärungen und Lehrbücher. (2010, S. 278-279) Künstliche Radionuklide, die kommerziell auch diagnostisch und therapeutisch eingesetzt werden, gelangen „indirekt über kommunale Abwässer und Kläranlagen" in die Gewässer. (Rühle 2010, S. 279) Kerntechnische Anlagen, also Forschungsreaktoren und Kernkraftwerke (KKW), geben radioaktive Spaltprodukte über ihre Abluft und Abwässer ab. „Tritium nimmt eine gewisse Sonderstellung ein, da es in den Abwässern der Kernkraftwerke überwiegt ... Chemisch liegt Tritium als Wasser (HTO) vor und zeigt

damit in der Umwelt und im aquatischen System eine sehr hohe Mobilität" mit erhöhten Konzentrationen in Oberflächenwässern und Grundwässern. (S. 280) Tritium verbleibt nicht in oberen Bodenschichten, sondern es dringt in tiefere Schichten. „In oberflächennahen Grundwässern und Uferfiltrat" sind gelegentlich Spuren nachzuweisen. (Rühle 2010, S. 281)
Wie Thilo Bode in den Foodwatch-Nachrichten im Dezember 2012 mitteilt, ist in Deutschland seit 1.11.2012 ein Uran-Grenzwert für Trinkwasser in Kraft. (Bode 2012, S. 8)

## 7 Exkurs 2: Uranverseuchter Phosphatdünger (Schnug, Knolle)

Wie Friedhart Knolle aus dem Arbeitsbereich von Ewald Schnug, Julius Kühn-Institut, Institut für Pflanzenbau und Bodenkunde in Braunschweig, berichtet, zeigt sich in untersuchten Leitungswässern Uran aus mineralischem Phosphatdünger, der „ein realer Belastungsfaktor" ist und „in oberflächennahe Grundwässer und Trinkwässer gelangen kann." (Knolle, 2009, S. 70) Es gelangen signifikante Mengen in die Ökosysteme, die „eine hohe Mobilität im Boden" aufweisen. (S. 70) „Uran ist ein ubiquitär vorkommendes chemo- und radiotoxisches Schwermetall. Die Höhe der Belastung des Menschen mit U wird vorwiegend durch dessen Aufnahme über das Trinkwasser bestimmt (De Kok & Schnug, 2008)." (Knolle 2008, S. 71)
Erst 2012 folgte eine kritische Medienberichterstattung (Spiegel online, NDR, 3sat) sowie eine parlamentarische Kleine Anfrage (Deutscher Bundestag).

## 8 Bio-Produkte und Fair Trade

Es gibt fair gehandelte Bio-Produkte und ökologisch zertifizierte Fair Trade-Produkte. (Sieben 2008, S. 5) Im Rahmen der internationalen Vereinigung der Dachorganisationen des Fairen Handels, FINE, wird Fair Trade definiert: „Fairer Handel ist eine Handelspartnerschaft, die auf Dialog, Transparenz und Respekt basiert und nach Gerechtigkeit im internationalen Handel strebt. Der faire Handel leistet durch das Angebot besserer Handelsbedingungen und der Sicherung von sozialen Rechten zu Gunsten der benachteiligten Produzenten und Arbeiter – vor allem im Süden – einen Beitrag zur Nachhaltigkeit." (Sieben 2008, S. 29) Das erste Siegel im Fairen Handel entstand 1989, die Zertifizierung erfolgt mittlerweile durch Siegelorganisationen, die Kontrollen durchführen lassen. Ökologische Anbauverbände, beispielsweise Naturland, und Fair Trade-Organisationen wie TransFair e. V. kooperieren mit unterschiedlichen Akzenten ihres Selbstverständnisses. (S. 38 ff.) Aufgrund der Zusammenarbeit zwischen beiden Organisationstypen verschwimmen manche Grenzen zwischen den Produktgruppen Bio und TransFair. (Sieben 2008, S. 56) Produkte sind vor allem Kaffee, Tee, Honig, Bananen, Fruchtsäfte, Wein, Nüsse und Trockenfrüchte. (S. 59-

60) Die internationalen Kooperationen sollten im Sinne „einer nachhaltigen und gemeinsamen Entwicklung ... einer positiven Globalisierung" dienen. (Sieben 2008, S. 111)

## 9 Schluss: Ernährungs-Bildung

Ernährungs-Bildung, soweit sie in der Schule stattfindet, sollte sich nach Ansicht von Kirsten Schlegel-Matthies nicht auf Ernährungswissenschaft im Sinne von ausschließlich naturwissenschaftlicher Orientierung beschränken. (Schlegel-Matthies, 2002, S. 137) Sie beschreibt vielfältige „Grenzsituationen der Ernährung", und sie zählt dazu „biologische, körperliche, soziale, gesellschaftliche, kulturelle, persönliche" (S. 137) „Grenzen erfahren wir in der Begegnung mit anderen ethnischen, nationalen oder regionalen Esskulturen oder beim Blick zurück auf die Geschichte unserer Esskultur. Grenzen werden aber auch sichtbar, wenn man die verschiedenen Lebensalter oder das Geschlecht in den Blick nimmt." (Schlegel-Matthies 2002, S. 138) Was sich aus Grenzsituationen für Bildung und Schule ergäbe, fragt sie und erinnert an Grenzen zwischen „Schichten, Lebensstilen, Religionszugehörigkeiten", Tabus und Essverboten, an die „unterschiedlichen Grenzen von Genuss und Ekel im historischen Wandel". (S. 138) All dies beinhaltet unterschiedliches Potenzial in Didaktik und Methode, zu denen eigene Erfahrungen von Schülern und die anderer ebenso gehören wie „Mehrperspektivität" und Körperlichkeit. (Schlegel-Matthies 2002, S. 138-139) Sowohl Naturwissenschaft als auch Kulturwissenschaft sind die beiden tragenden Säulen von Ernährungserziehung und Ernährungsbildung. (S. 140) Die Lehrkräfte sollten die Praxis von Nahrungsmittelbeschaffung und Praxis des Essens in den Unterricht aller Schulstufen einbeziehen. (Schlegel-Matthies, S. 140)
In ähnlicher Weise sehen Karin Bergmann und Gesa U. Schönberger Chancen für Interdisziplinarität in Wissenschaft und Forschung und erwarten gleichzeitig notwendige Ergänzungen zum Expertenwissen. (Bergmann / Schönberger 2002, S. 144) Einstellungs- und Verhaltensforschung können Grundfragen der Ernährung thematisieren, vorherrschende Meinungen hinterfragen und Handlungsvorschläge für die Alltagspraxis erarbeiten. (S. 148) Aus seiner historischen Sicht verlangt Ulrich Kluge „von einer wissenschaftlichen Analyse vor allem kritische Distanz gegenüber dem agrarischen Produktions-, Verarbeitungs- und Verwertungsprozess." (Kluge 2005, S. 110) Als Geldgeber für biotechnologisch orientierte Agrarforschung kommt die Industrie allerdings ohnehin viel weniger in Frage als die Öffentliche Hand und Stiftungen. (Heß 2010, S. 36) Gleichzeitig konkurrieren die Mitglieder der Scientific Community um Forschungsmittel. Jürgen Heß berichtet, es sei schwieriger geworden, in Grundlagenforschung, Angewandter Forschung und in der Lehre gleichzeitig exzellent zu sein. (S. 37) Nicht zu unterschätzen ist im Wissenschaftsalltag zudem der von

Heß kritisch vermerkte Trend zur Verbreitung des Science Citation Index (SCI) bei der Bewertung der Arbeit von Forschern und Forschungseinrichtungen. „Wissenschaft (wird) primär von Wissenschaft bewertet", und der „SCI ist zum Maß der Dinge bei der Bewertung von Wissenschaftlern und wissenschaftlichen Institutionen geworden. Die Leistungen der Wissenschaft für die Gesellschaft – und die Praxis – drohen dabei hinten runterzufallen. Kritisiert wird der SCI, weil er einen eingeengten Blick auf das Forschungsgeschehen vermittelt. ... Es entstehen geschlossene Zitierzirkel, eine Dominanz der Laborwissenschaften und eine Dominanz englischsprachiger Literatur. Der Zwang zum Publizieren erzeugt unüberschaubare Informationsflut und anderes mehr." (Heß 2010, S. 38)
Natürlich ist der hier gewählte Rahmen von Darstellung und Analyse schwerpunktmäßig begrenzt, und dies gilt unter anderem bei wissenschaftlichen Themen wie Uran-Phosphatdünger oder Gentechnologie in der Nahrungsproduktion (Kluge 2005, S. 111-112), wonach gentechnisch veränderte Organismen (GVO) – auch in ökologischen Erzeugnissen – bis zu 0,9 Prozent enthalten sein dürfen. (Finsterer 2012, Bio-Siegel, S. 27-28. Wissenschaftliche Beiräte ... 2011, 9.5)

## 10 Literatur / Internet


AUSWERTUNGS- UND INFORMATIONSDIENST für Ernährung, Landwirtschaft und Forsten (aid) e. V., 1999: Zwischen Öko-Kost und Designer Food: Ernährung im 21. Jahrhundert. Tagungsband zum 2. aid-Forum am 1. Juni 1999 in Bonn. Redaktion Birgit Jähnig. Bonn: aid

BÄCKER-HAASE, Christiane, 1990: Vergleich der Qualität „alternativ" und „konventionell" erzeugter primärer, pflanzlicher Lebensmittel – speziell Untersuchungen zur Verteilung der Parameter Nitrat und Gesamtzucker". Bonn: Rheinische Friedrich-Wilhelms-Universität. (Zugl.: Bonn, Univ., Diss., 1990)

BARLÖSIUS, Eva, 2011: Soziologie des Essens. Eine sozial- und kulturwissenschaftliche Einführung in die Ernährungsforschung. Weinheim, München: Juventa Verlag. 2. Auflage

BECHMANN, Arnim, 2009: Ökologischer Landbau – aus der Nische in die Fläche. Identitätsbildung und Zukunft durch leitbildbewusste Verwissenschaftlichung. Barsinghausen: Verlag Edition Zukunft

BERGMANN, Karin / SCHÖNBERGER, Gesa U., 2002: Grenzsituationen der Ernährung. Eine Chance für Interdisziplinarität in Forschung und Wissenschaft. In: Spiekermann / Schönberger (Hrsg.) 2002. S. 141-148

BODE, Thilo, 2010: Die Essensfälscher. Was uns die Lebensmittelkonzerne auf die Teller lügen. Frankfurt am Main: S. Fischer Verlag

BODE, Thilo, 2012: Foodwatch-Nachrichten. Sonderausgabe Dezember 2012. Berlin

BÖGE, Stefanie / WINTERFELD, Uta von, 1995: Aus dem Rhythmus? Über den Konsum von Lebensmitteln in zeitlicher und räumlicher Perspektive. In: Schneider u. a. (Hrsg.), 1995. S. 98-102

BREITSCHUH, Gerhard / ECKERT, Hans, 2008: Nachhaltige Landwirtschaft – Realität oder Vision für das 21. Jahrhundert. In: Kaatsch u. a. (Hrsg.), 2008. S. 61-83

BRUHN, Maike, 2002: Die Nachfrage nach Bioprodukten. Eine Langzeitstudie unter besonderer Berücksichtigung von Verbrauchereinstellungen. Frankfurt am Main u. a.: Verlag Peter Lang (Zugl.: Kiel, Univ., Diss., 2001)

BRUNNER, Karl-Michael / SCHÖNBERGER, Gesa U. (Hrsg.), 2005: Nachhaltigkeit und Ernährung. Produktion – Handel – Konsum. Frankfurt/Main, New York: Campus Verlag

DE KOK, L. J. / SCHNUG, E., 2012: Loads and Fate of Fertilizer-derived Uranium. In: Rogasik, J., u. a., 2012. S. 135-146

EBERLE, Ulrike / HAYN, Doris / REHAAG, Regine / SIMSHÄUSER, Ulla (Hrsg.), 2006: Ernährungswende. Eine Herausforderung für Politik, Unternehmen und Gesellschaft. München: Oekom

ENDRES, Wolf T., 2002: Die Herausforderung der Geburt: Säuglingsernährung als Extremernährung. In: Spiekermann / Schönberger 2002. S. 23-29

ENQUETE-KOMMISSION, 1997: Schutz des Menschen und der Umwelt – Ziele und Rahmenbedingungen einer nachhaltig zukunftsfähigen Entwicklung. Konzept Nachhaltigkeit – Fundamente für die Gesellschaft von morgen. Deutscher Bundestag. Drucksache 13/7400

FINK-KEßLER, Andrea / HOFMEISTER, Georg / THOMAS, Frieder (Hrsg.), 2010: Zukunftsfähige Landwirtschaft. Praxis, Wissenschaft und Verbände im Dialog. Hofgeismar: Evangelische Akademie

FINK-KEßLER, Andrea / JÜRGENS, Karin / THOMAS, Frieder, 2010: Dialog statt Wissenstransfer – Herausforderungen für eine an Nachhaltigkeit orientierte Agrarforschung. Diskussionspapier. In: Fink-Keßler u. a. (Hrsg.), 2010. S. 25-27

FINSTERER, Susanne, 2012: Bio-Siegel. Anspruch und Wirklichkeit. Sozialwissenschaften 43. Berlin: Technische Universität Berlin

FINSTERER; Susanne, 2012: Ökologischer Landbau. Eine Einführung. Sozialwissenschaften 47. Berlin: Technische Universität Berlin

GRIMM, Hans-Ulrich, 2002: Alles bio oder was? Der schöne Traum vom natürlichen Essen. Stuttgart, Leipzig: S. Hirzel Verlag

HÄRLIN, Benny, 2010: Was für eine Forschung braucht bäuerliche Landwirtschaft? Schlussfolgerungen aus den Ergebnissen des Weltagrarrates. In: Fink-Keßler u. a. (Hrsg.), 2010. S. 29-34

HESEKER, Helmut, 2002: Die letzte Lebensphase. Zur Physiologie und Psychologie der Ernährung von Hochbetagten. In: Spiekermann / Schönberger 2002. S. 31-44

HEß, Jürgen, 2010: Praxisorientierte Forschung – Herausforderungen und Erfahrungen im Ökologischen Landbau. Ein Interview mit Jürgen Heß. In: Fink-Keßler u. a. (Hrsg.), 2010. S. 35-39

HÖLL, Karl, 1978: Die Wahrheit über die Atomkraftwerke. Gefahren für Mensch und Wasser. München: Udo Pfriemer Verlag

HOFFMANN, Ingrid / SCHNEIDER, Katja / LEITZMANN, Claus (Hrsg.), 2011: Ernährungsökologie. Komplexen Herausforderungen integrativ begegnen. München: Oekom Verlag, Gesellschaft für ökologische Kommunikation

JÄHNIG, Birgit, 1999, siehe: Auswertungs- und Informationsdienst ... (aid), (Hrsg.), 1999. Redaktion

KAATSCH, Hans-Jürgen / ROSENAU, Hartmut / TAUBE, Friedhelm / THEOBALD, Werner (Hrsg.), 2008: Ethik der Agrar- und Ernährungswissenschaften. Berlin, Münster u. a.: LIT Verlag

KATZ, Gitte, 2002: Wer's glaubt wird selig – oder? Die Glaubwürdigkeit von Öko-Werbung aus Rezipientensicht. Eine qualitative Erkundungsstudie. Wiesbaden: Westdeutscher Verlag

KLUGE, Ulrich, 2005: Agrarwirtschaft und ländliche Gesellschaft im 20. Jahrhundert. München: R. Oldenbourg Verlag

KNOLLE, Friedhart, 2009: Neue Befunde zur Herkunft von Uran in Grund- und Leitungswässern aus Phosphatdüngern. In: Julius-Kühn-Archiv 424, 2009. S. 70-73

KOERBER, Karl von, 1999: Öko-Kost. Öko-Nahrung der Zukunft. In: Auswertungs- und Informationsdienst ... (aid), (Hrsg.), 1999. S. 31-34

KOESTER, Ulrich, 2010: Grundzüge der landwirtschaftlichen Marktlehre. München: Verlag Franz Vahlen

KUTSCH, Thomas, 1999: Nahrung und Kultur. Lebensmittel als Ausdruck von Lebensumständen. In: Auswertungs- und Informationsdienst ... (aid), 1999. S. 14-18

MAHNKE-PLESKER, Sylvia, 1999: Öko-Kost. Öko-Nahrung der Zukunft. In: Auswertungs- und Informationsdienst ... (aid), (Hrsg.), 1999. S. 36-39

MICHEL, Gert, 2010: Hydrogeologie. In: Nießner (Hrsg.), 2010. S. 13-45

NORMANN-SCHMIDT, Sabine, 1995: Auf der Suche nach der umweltgerechten Landwirtschaft. Verflechtungen von Land- und Wasserwirtschaft. München, Wien: R. Oldenbourg Verlag

PUCHSTEIN, Christoph, 2002: Überbrückungszeiten grenzwertiger Ernährung im Klinikalltag. In: Spiekermann / Schönberger (Hrsg.), 2002. S. 69-79

RATHKE, Kurt-Dietrich / KOPP, Hans-Joachim, 2004: Woher kommt und was sagt uns das Bio-Siegel? Utting am Ammersee: Verlag Biomerk

RÖDER, Elke, 1999: Öko-Kost. Öko-Nahrung der Zukunft. In: Auswertungs- und Informationsdienst ... (aid), (Hrsg.), 1999. S. 35

ROGASIK, J., u. a., 2012: Uranium in soils of German long-term fertilizer experiments. Leiden/Niederlande: Backhuys Publ.

RÜHLE, Horst, 2010: Radioaktive Stoffe in Trinkwässern. In: Nießner (Hrsg.), 2010. S. 276-304

SCHÄFER, Martina, 2005: Bio-Einkaufsstätten – Nachhaltigkeit durch Vielfalt. In: Brunner / Schönberger (Hrsg.), 2005. S. 129-151

SCHLEGEL-MATTHIES, Kirsten, 2002: Grenzsituationen der Ernährung. Ihre Bedeutung für Bildung und Schule. In: Spiekermann / Schönberger (Hrsg.), 2002. S. 137-140

SCHNEIDER, Manuel / GEIẞLER, Karlheinz A. / HELD, Martin (Hrsg.), 1995: Zeit-Fraß. Zur Ökologie der Zeit in Landwirtschaft und Ernährung. Politische Ökologie Sonderheft 8. September/Oktober 1995. München: Oekom

SCHNUG, E. / HANEKLAUS, S., 2008: Dispersion of uranium in the environment by fertilization. In: Merkel, B. J. / Hasche-Berger, A., 2008: Uranium, Mining and Hydrogeology. Berlin: Springer Verlag. S. 958

SCHNUG, Ewald, 2012. Siehe: De Kok / Schnug, 2012

SCHUSTER, Ramona / SEUBERT, Andreas, 2010: Bestimmung von nichtmetallischen anorganischen Wasserinhaltsstoffen. In: Nießler (Hrsg.), 2010. S. 252-304

SIEBEN, Kadi, 2008: Fair Trade und ökologischer Landbau – zwei zukunftsweisende Visionen. Bio, Öko alles Fair? Saarbrücken: VDM Verlag Dr. Müller

SPIEKERMANN, Uwe, 1999: Nahrung und Kultur. Lebensmittel als Ausdruck von Lebensumständen. In: Auswertungs- und Informationsdienst ... (aid), (Hrsg.)1999. S. 7-13

SPIEKERMANN, Uwe, 2002: Das Andere Verdauen. Begegnungen von Ernährungskulturen. In: Spiekermann / Schönberger (Hrsg.), 2002. S. 89-105

SPIEKERMANN, Uwe / SCHÖNBERGER, Gesa U. (Hrsg.), 2002: Ernährung in Grenzsituationen. Berlin, Heidelberg: Springer-Verlag

SPIEKERMANN, Uwe / SCHÖNBERGER, Gesa U., 2002: Vorwort. In: Spiekermann / Schönberger (Hrsg.), 2002. S. V-VIII

THOMS, Ulrike, 2002: „Eingeschlossen/Ausgeschlossen". Die Ernährung in Gefängnissen vom 18. bis 20. Jahrhundert. In: Spiekermann / Schönberger (Hrsg.), 2002. S. 45-68

STEINER, Regula, 2009: Spuren des Biolandbaus. Wie verschiedene Anbaumethoden in der Landschaft sichtbar werden. München: Oekom

STOTTMEISTER, Ernst, 2010: Bestimmung organischer Wasserinhaltsstoffe. In: Nießler (Hrsg.), 2010. S. 260-262

THOMS, Ulrike, 2002: „Eingeschlossen/Ausgeschlossen". Die Ernährung in Gefängnissen vom 18. bis 20. Jahrhundert. In: Spiekermann / Schönberger (Hrsg.), 2002. S. 45-68

WISSENSCHAFTLICHE BEIRÄTE für Verbraucher- und Ernährungspolitik sowie Agrarpolitik des Bundesministeriums für Ernährung, Landwirtschaft und Verbraucherschutz, 2011: Politikstrategie Food Labelling. Berlin

## Internet

3sat:
http://www.3sat.de/print/?url=/ard/165954/index.html (19.11.2012)

Spiegel online:
https://email.t-online.de/V4-0-12-0//srv-bin/mailbox?method=printM.(5.11.2012)

NDR:
http://www.heilpraxisnet.de/naturheilpraxis/vollduenger-mit-uran-und-cadmium-verseucht-21765.php (19.11.2012)

Abstract

Die aktuelle Ernährung ist nicht nachhaltig. Die Kaufmotive für Bio-Produkte wandeln sich und werden weniger idealistisch. Essen kulturell, also nicht nur ernährungswissenschaftlich zu begreifen, fordert Uwe Spiekermann. Konventionell produzierende Landwirtschaft dominiert, aber Umweltbelastungen und Gesundheitsgefahren finden zunehmend Aufmerksamkeit und Kritik. Versprochene Bioqualität (Werbung) entspricht nicht immer der Realität. Zu den Beispielen gehören Backwaren mit nicht deklarierten Enzymen, die Hautquaddeln auslösen können. Weitere gesellschaftliche Regeln und Kontrollen sind dringend notwendig. Radioaktivität (Tritium) aus Waffentechnik und Kernkraftwerken gelangt ebenso ins Trinkwasser wie Uran über Phosphatdünger. Bio-Produzenten und Fair Trade-Organisationen arbeiten international erfolgreich zusammen.

Ernährungs-Bildung nimmt an Bedeutung zu. Wissenschaftliche Zitierzirkel sind nicht unproblematisch.

Susanne Finsterer

# Lebensmittel Wasser. Eine Einführung

Inhalt



## 1 Einleitung

Trinkwasser wird als Indikator für Lebensqualität traditionell mit großer Aufmerksamkeit bedacht. Seit 2010 ist sauberes Wasser ein Menschenrecht. Insbesondere NGOs hatten jahrelang die Forderung erhoben, einen eigenen Paragrafen in die Allgemeine Erklärung der Menschenrechte aufzunehmen.

In Deutschland hat sich vor allem die Stadt München um die Qualität des eigenen Trinkwassers verdient gemacht. In einer hauseigenen Darstellung verweist man auf die „klugen Entscheidungen der Münchener Stadtväter vor mehr als 100 Jahren" und die „reichen Wasservorkommen des Alpenlandes". (http://www.muenchen.de/Rathaus/rgu/vorsorge_schutz/trinkwasser/index.html, 19.08.2012) Nach Informationen der Stadtwerke zählt es „zu den besten in ganz Europa" (http://www.swm.de/dms/swm/dokumente/m-wasser/trinkwasser-analysewerte.pdf, 19.08.2012)

Historisch betrachtet ist Wasser ein zeitloses Thema. Seine Bedeutung erschien und erscheint jedem einsichtig. Die Kombination aus Naturgegebenheiten und politischen Entscheidungen bestimmen unstrittig die Qualität. Gleichzeitig bleiben jedoch viele Details Ursache oder Auslöser von Meinungsverschiedenheiten oder sogar Konflikten.

Der Schwerpunkt Wasser als Lebensmittel ist Teil ökologischen Denkens. Eine Vielzahl öffentlicher und privater Institutionen befasst sich mit dem Thema. Allein die Deutsche Bundesstiftung Umwelt (DBU) hat seit 1991 mehr als 1.000 Wasserprojekte gefördert, um den Wissenstransfer über Technologien des Umweltschutzes auszubauen, Kulturerbe zu schützen und der Umweltbildung zu dienen. Zwischen den Jahren 2000 und 2008 umfasste das Spektrum geförderter Themen außer Natur- und Umweltschutz unter anderem Abwasser und Klärschlamm. Die dazugehörige Projektdatenbank der DBU ist unter www.dbu.de abrufbar. (Grove / Heidenreich 2009, S. V-VI, Vorwort Brickwedde)

Indem im Rahmen der nachfolgenden Veröffentlichung zentrale Stichworte zu den Projektberichten Erwähnung finden und sie zu Beginn einer anderen, nämlich kultur- und sozialgeschichtlichen Analyse gegenübergestellt werden, zeigt dies die große Spannweite des Themas und unterstreicht, wie notwendig eine Auswahl und Beschränkung seiner Darstellung bleibt.

## 2 Sozial- und kulturgeschichtliche Aspekte

In der von Hartmut Böhme herausgegebenen Kulturgeschichte des Wassers (1988) sorgt sich Ludwig Fischer um das Bewusstsein für vormoderne Existenzformen. Chancen und Zwänge modernen Wirtschaftens verringern „Entbehrung, Mühsal, Armut, Blockierung eines traditionellen provinziellen Alltags. Derartiges vergessen zu können befreit dann fraglos zu einer menschenwürdigeren Existenz." (Fischer 1988, S. 315-316) Fischer bemüht sich um „das alltagspraktische Gedächtnis an einen jahrhundertealten Wassergebrauch". (S. 316) Zu seinem Bericht über zuviel und zuwenig Wasser gehören die Anstrengungen und Entbehrungen von Menschen auf der Halbinsel Eiderstedt, südlich von Husum, Nordsee. Erst 1962 erreichte dort die zentrale Trinkwasserversorgung (und die Stromleitung) den letzten Haushalt.

Als sozialgeschichtlich relevant erachtet Fischer eine These von Thomas Leithäuser, wonach es „zur industriell organisierten Lebenspraxis (wesentlich) gehört, daß in ihr das Weitergeben von verbindlicher Erfahrung und überpersönlicher Tradition keine lenkende, strukturbildende Funktion mehr hat." (Fischer 1988, S. 324) Aus diesem Grunde brauche sich beim Wassergebrauch in Metropolen und Kleinstädten heutzutage niemand an harte Alltagspraktiken vor achtzig oder gar zweihundert Jahren erinnern, als Wasser in Eimern von Flüssen oder Brunnen ins Haus getragen werden musste, ganz zu schweigen von den Mühen, das Vieh im Winter zu tränken. (S. 324-325) „Wo der Umgang mit Wasser in konkreter Arbeit gründete, herrschte Selbstversorgung als Mangelwirtschaft" und die inzwischen „aufgehobene Koppelung konkreter Arbeit an den Umgang mit Wasser" wird durch kein Umweltbewusstsein wiederhergestellt. (Fischer 1988, S. 326)

Wassergebrauch setzte konkrete Arbeit voraus, weshalb man in Eiderstedt sparsam war und täglich nur etwa 6 bis 8 Liter pro Kopf für Nahrung, Hygiene und anderes

verbrauchte. (S. 325) Anders ausgedrückt resultierten Einsichten in Ressourcenknappheit aus Realitätserfahrungen. (Fischer 1988, S. 331)
Demgegenüber sucht Hartmut Böhme einen kulturgeschichtlichen Zugang zur „Erscheinungsvielfalt des Wassers“ (Böhme 1988, S. 11) Böhme behauptet, den „Bezug zum Wasser als einem Element des Lebens und der Kultur haben die industrialisierten Gesellschaften verloren.“ (S. 12) Jedoch gleichzeitig erscheint ihm das Wasser als „Reservoir kultureller Symbolwelten“ unerschöpflich. (S.13) „Wasser reinigt Körper und Dinge, ja Seele und Geist. Wassertaufe, Wasser löst auf und verbindet, es grenzt ab und vereinigt ... Es ist formlos, paßt sich jeder Form an; es ist weich, aber stärker als Stein ... Symbolische Wasser-Katastrophen lagern tief im kollektiven Gedächtnis: Sintflut, Atlantis, Titanic. So enthält das Wasser den Tod und gebiert alles Leben ... Wasser ist Krankheit (z. B. Wassersucht) und Wasser heilt: Hydrotherapie, Brunnenkuren.“ (Böhme 1988, S. 13) „Unzählig“, so Böhme, seien „die Beziehungen, die die Kulturen real und symbolisch mit dem Wasser unterhalten.“ Ohne Zweifel ist das so, aber des Weiteren behauptet Hartmut Böhme, es habe „die Verdrängung der Symbol-Geschichte des Wassers die blinde und rücksichtslose Ausbeutung, Verschwendung und Zerstörung dieses Naturreiches zur Kehrseite.“ Ziel sei, letzteres zu ändern. (S.15)
Noch nicht einmal eine umfassende Literaturgeschichte des Wassers liegt vor.

## 3 Exkurs. Gesunde Ernährung im heutigen Alltag?

Aktuelle Lebensstile zeigen in europäischen Ländern, insbesondere in Deutschland, eine deutliche Tendenz zum ungesunden Essen und Trinken. Zur Frage, welche Chancen, dies zu ändern, eine staatliche Gesundheitsförderung hätte, äußert sich 2010 Detlef Briesen in seiner Analyse der Ernährung und Gesundheit seit dem 18. Jahrhundert. Als ein Ergebnis seiner Arbeit gelangt er nicht zu Vorschlägen staatlicher Prävention, sondern „Konzepten dafür, wie Einzelne und Gesellschaften sensibler mit Fragen der Gesundheit umgehen könnten als bisher. Dabei wird individuellen Ansätzen der Vorzug gegeben, denn Menschen sind zunächst einmal selbst für ihr Leben verantwortlich.“ (Briesen 2010, S. 8)
Entscheidende Veränderungen in der Ernährung gehen auf amerikanische Einflüsse seit 1945 zurück. Neben der Konsumkultur und ihren Präferenzen wirkt als weiterer Einflussfaktor „die Körperlichkeit des Menschen. Offenbar können Menschen gar nicht anders als das, was ihnen schmeckt oder gut tut, auch für gesund zu halten.“ (S. 9) Die letztere Einschätzung Briesens beruht allerdings nicht auf einer Studie. Könnte es sein, dass Konsumenten schlicht gedankenlos mit Essen umgehen? Nach Briesens Ansicht besteht „ein verhängnisvolles Dilemma ... zwischen unserem passiven Wissen um die Schädlichkeit von Fett, Zucker, Tabakqualm oder Hochprozen-

tigem auf der einen Seite und unserer Vorliebe, uns aktiv zu vergiften, auf der anderen Seite." (Briesen 2010, S. 9) Dabei widersteht Detlef Briesen der Versuchung, „eine ursprünglich gute, gesunde und menschengemäße Naturkost aus der Vorzeit einer degenerierten Industriekost" gegenüberzustellen. „Bei allen heutigen Fehlern und Defiziten wird sichtbar werden, wie sehr sich insbesondere die Durchschnittskost in den letzten beiden Jahrhunderten verbessert hat." (Briesen 2010, S. 9)

Zur Geschichte gesunder Lebensführung gehören allerdings auch Menschen mit Sendungsbewusstsein und Anhänger von Lehren mit spiritueller Anmutung: „Gesundheitslehren sind auch Glaubenssysteme, die auf mehr zielen als auf empirisch überprüfbare Verbesserungen der Lebensführung." (S. 13-14) Sie sollten nicht verwechselt werden mit dem Wiedererstarken einiger, auch lebensreformerischer Ideen (wie Meiden des Alkohols) in Teilen der Ökologiebewegung. Trinken und Essen im Alltag veränderte sich besonders in den letzten Jahrzehnten. Zu ihrer Vielfalt gehören die kulinarische Luxuskultur ebenso wie „die zahlreichen Fragwürdigkeiten der modernen Kost". (Briesen 2010, S. 274-275) Letztere sind Gegenstand beider Veröffentlichungen zum BIO-Siegel (Susanne Finsterer 2012) und zur BIO-Qualität. (siehe oben)

4 Wasser als Lebensmittel, Wasser in Lebensmitteln

Auf Einsicht und Verantwortung beim Ge- und Verbrauch von Wasser hofft Klaus Wiegandt, Stiftung Forum für Verantwortung in Seeheim-Jugenheim, in seinem Vorwort zur Lizenzausgabe für die Bundeszentrale für politische Bildung, Bonn: Wolfram Mauser, 2007: Wie lange reicht die Ressource Wasser? Vom Umgang mit dem blauen Gold. Mauser, Professor für Geographie und geographische Fernerkundung in München, stellt fest, dass das Wasser im Rahmen seiner akademischen Arbeit „langsam und fast unmerklich ... die Grenzen zwischen den Wissenschaftsdisziplinen aufgelöst" hat. (Mauser 2007, S. 20) Weil Mauser einen nachhaltigen Umgang mit Wasser „zu den Kernfragen einer entstehenden globalen Kultur" zählt, kann er dies Problem nicht allein Ökonomie, Politik oder Wissenschaft allein überlassen. (Mauser 2007, S. 20)

Mit der verstärkten Wahrnehmung von Umweltproblemen änderte sich in Deutschland seit den 1960er Jahren die Einschätzung des Wassers und des Umgangs damit. Übernutzung und Verschmutzung erzwangen Kontrollen der Reserven, Verhaltensänderungen und technische Lösungsansätze.

Die Zahl der Wasserversorgungsbetriebe beträgt in Deutschland ungefähr 6700. Sie befinden sich im Besitz von Städten, Gemeinden oder privaten Unternehmen, die etwa 98 % der Bevölkerung mit „gesundheitlich unbedenklichem Trinkwasser über ortsfeste Leitungen" versorgen. Außerdem gibt es Haushalte mit eigenen Brunnen.

(Evers 2009, S. 51) Der Wasserverbrauch pro Einwohner und Tag betrug 1990 etwa 147 Liter, seit 2005 lediglich 125 Liter. Der Verbrauch in Österreich beträgt 160 Liter, in der Schweiz 237 Liter. Nur 4 % wird für Essen und Trinken verwendet, 36 % für Körperpflege, 27 % für die Toilettenspülung. Für Notsituationen gibt es in Deutschland Notbrunnen. (Evers 2009, S. 51) Bemerkenswert bleibt die jeweilige Wassermenge, die beim Herstellen von Lebensmitteln einzusetzen ist, nämlich für 1 Kilo Brot ein Kubikmeter, 1 Kilo Fleisch dreizehn Kubikmeter Wasser. (S. 52)

Trink- und Sanitärwasser überhaupt verfügbar zu haben, reicht keineswegs aus, denn eine nachhaltige Nutzung erfordert auch geeignete gesellschaftliche Strukturen. Oft wird das Wasser schon durch mangelhafte Hygienestandards verunreinigt und damit Auslöser wasserbedingter Krankheiten. „Zu ihnen gehören zuvorderst die bakteriell ausgelösten Durchfallerkrankungen wie Cholera, Typhus und Ruhr, Viruserkrankungen wie Kinderlähmung und Hepatitis A, aber auch eine breite Palette von Parasitenkrankheiten. Wasserbedingte Krankheiten stellen das drittgrößte Gesundheitsrisiko in den Entwicklungsländern dar." (Mauser 2007, S. 165) Unabdingbar sind keimfreies Trinkwasser und ein Abwassersystem. Zu den wasserbedingten Krankheiten gehört die Bilharziose, eine bei Fischern und Reisbauern verbreitete Parasitenkrankheit.

Wasser für die Industrie ist in vielen Fällen immer noch gleichzusetzen mit einem hohen Aufkommen an Abwasser. Je nach Branche und technologischem Standard gibt es eine Mehrfachnutzung. Als positives Beispiel nennt Mauser eine über 98%ige Wiederverwendung des bei der Autoproduktion in Ingolstadt eingesetzten Wassers. (S. 170) Das Volumen verbrauchten Wassers erhöht sich außer durch industrielle Nutzung sowie als Trink- und Sanitärwasser zusätzlich durch den Einsatz in der Nahrungsmittelversorgung, insbesondere der agrarischen und tierischen Produktion. (Mauser 2007, S. 174-179) Weil Wasser in vielen Lebensmitteln dominiert und deren „Aussehen, Geruch, Geschmack, Konsistenz" mitbestimmt, ist seine Funktion besonders ausführlich ein Forschungsgegenstand der Lebensmittelchemie, die den Nährwert, Genusswert und Gebrauchswert misst. Indem Wasser mit anderen Stoffen reagiert, ist die Wasserbindung einzelner Inhaltsstoffe von Lebensmitteln von besonderer Bedeutung, nicht zuletzt wegen einer möglichen „Kontamination von Lebensmitteln mit gesundheitlich bedenklichen Stoffen." (Belitz / Grosch / Schieberle 2008, S. XLV) Bereits 1982 förderte die Europäische Gemeinschaft Projekte zum Thema Trinkwasserinhaltsstoffe und deren gesundheitlichen Einfluss. Das Institut für Sozialmedizin und Epidemiologie sowie das Institut für Wasser-, Boden- und Lufthygiene des Bundesgesundheitsamtes ließen bundesweit mit Schwerpunkten in den Stadt- und Landkreisen der Bundesländer Baden-Württemberg, Hessen und Bayern über 1.000 Wasserproben vom „Zapfhahn des Verbrauchers", nicht ab Wasserwerk, im

Zeitraum von 1972 bis 1980 entnehmen und analysieren. Im Mittelpunkt des Erkenntnisinteresses stand die Frage nach möglichen Gesundheitsrisiken durch Trinkwasserinhaltsstoffe. Aus den untersuchten Trinkwasserzusammensetzungen ergaben sich keine eindeutigen Risiken bezüglich Herz- und Kreislaufkrankheiten. Es „konnte keine eindeutige Beziehung gefunden werden." (Schön u.a. 1982, S. 53) Ebenfalls gab es „keine Hinweise auf einen kausalen Zusammenhang zwischen Trinkwasserchlorung und der Krebshäufigkeit." (S. 53-54)
Zur „Messung und Analyse von Umweltbelastungsfaktoren" wurde im Auftrag des Bundesministers für Umwelt, Naturschutz und Reaktorsicherheit durch das Umweltbundesamt eine Folgestudie erstellt. Sie untersuchte die „Spurenelementgehalte im Haushalts- und Wasserwerks-Trinkwasser der Bundesrepublik Deutschland 1985/86". (Krause u.a. 1991) Damit sind die „tatsächlichen Schadstoffbelastungen (hauptsächlich Metalle, Schwermetalle) des Trinkwassers der Allgemeinbevölkerung in der Bundesrepublik Deutschland" erfasst. „Für das Haushaltswasser wurden die Teilpopulationen nach dem Härtebereich, nach der Gemeindegrößenklasse, nach der Versorgungsart, nach dem Installationsmaterial, nach dem Einsatz von Wasseraufbereitungsgeräten und nach dem Bundesland gebildet. Für das Wasserwerkswasser wurden die Angaben nur nach dem Härtebereich gegliedert." Die Probenarten waren Wasserwerkswasser, Haushaltswasser, Spontanprobe, Stagnationsprobe, Mittelwert aus Spontan- und Stagnationsprobe für jeden Haushalt. Dabei stellten sich Überschreitungen der EG-Grenzwerte für Schwermetalle „je nach verwendetem Installationsmaterial in den Haushaltswässern ... besonders nach nächtlicher Stagnation" heraus. „Diese Überschreitungen treten meist in großen Gemeinden auf, hingegen beim Nitrat findet man besonders viele Überschreitungen in kleinen Gemeinden ... Im Fall der wenigen Haushalte, die sich mit Trinkwasser eigenständig versorgen, kommt es gegenüber den wasserwerksversorgten Haushalten zu teilweise erheblichen Konzentrationserhöhungen bzw. Grenzwert-Überschreitungen zahlreicher Wasserinhaltsstoffe". (Krause u.a. 1991, S. III) Teilweise deutliche Konzentrationserhöhungen gab es in Haushalten mit eigenen Wasseraufbereitungsgeräten, teilweise gerätetypabhängig. Zu den im Trinkwasser enthaltenen Stoffen zählten Blei, Cadmium, Eisen, Kupfer und Zink. (Krause u.a. 1991, S. III und Anlage)
Zur Frage, was gutes Trinkwasser sei, hatte es 1987 und 1988 in zwei Gesprächsrunden bei Bonn Stellungnahmen aus der Sicht von Verbrauchern, Toxikologen, Hygienikern, staatlicher Aufsicht, Wasserwerken, Umweltschützern, Vertretern der Industrie und Landwirtschaft, der Wasserwirtschaft und der kommunalen Abwasserreinigung gegeben. (Weizsäcker 1989) Zu den insgesamt kontrovers diskutierten Fragen gehörten neben anderen: „Ist der Trend zum Mineralwasser begründet? (Mineralwasser enthält viele Stoffe, die nach der Trinkwasserverordnung in dieser Kon-

zentration verboten wären!) Geht die Trinkwasserverordnung oder die ihr zugrundeliegende EG-Richtlinie zu weit?" (Weizsäcker 1989, S. 5) Aus Verbrauchersicht wurde (von Ulrike Schell) als „gutes Trinkwasser" Wasser definiert, wenn es „ - toxikologisch und hygienisch einwandfrei, das heißt auch gesundheitsfördernd ist, - gut schmeckt, - zu einem günstigen Preis und - in ausreichender Menge zur Verfügung steht." (S. 7) Aus Sicht der Wasserwirtschaft erfordert (laut Uwe Schell) die Trinkwasserversorgung ein sauberes, unbelastetes Grundwasser, das zu schützen vorbeugende Schutzstrategien notwendig macht. (S. 63) Solche sind zwangsläufig überregional und deshalb nannte auf der Veranstaltung der Arbeitskreis „Grundwassergüte" der Länderarbeitsgemeinschaft (LAWA) folgende als wesentlich erachtete Gefährdungspotenziale für das Grundwasser: unsachgemäßer Umgang mit Stoffen, die als wassergefährdend erkannt sind, Dünger und Pflanzenschutzmittel in der „intensivierten Landbewirtschaftung", „Schadstoffeintrag über die Atmosphäre (saurer Regen)", „Altlasten und kontaminierte Betriebsflächen" sowie „Belastungen aus undichten Kanalisationen". (Weizsäcker 1989, S. 63) Um Gefahren für das Grundwasser abzuwehren, forderte die LAWA damals, eine „ordnungsgemäße Landwirtschaft" dürfe nicht länger hauptsächlich eine möglichst kostengünstige Produktion anstreben, sondern müsse künftig die Boden- und Grundwasserverhältnisse beachten und Beeinträchtigungen so gering halten, „wie es den allgemein anerkannten Grundsätzen des Umweltschutzes entspricht." (S. 66) Zu den weiteren Forderungen der LAWA gehörte: „Die behördliche Überwachung des Umgangs mit wassergefährdenden Stoffen in Industrie und Gewerbe ist in enger Koordinierung zwischen den für den Vollzug des Wasser-, Immissionsschutz-, Gewerbe- und Gesundheitsrechts zuständigen Behörden zu verbessern." (Weizsäcker 1989, S. 67) Jeder Einzelne sollte verantwortungsvoll handeln. Alle Bürger müssen eine „sachbezogene Öffentlichkeitsarbeit über die Probleme und Erfordernisse des Grundwasserschutzes" erreichen. (S. 68)
Die Sicht der kommunalen Abwasserreinigung teilte auf der Konferenz Kh. Krauth mit, der meinte, auch künftige kommunale Abwassertechnologien würden es nicht ermöglichen, „daß gereinigtes Abwasser direkt als Trinkwasser anderer verkauft werden kann." (Weizsäcker 1989, S. 69) Wie Krauth berichtete, hat die kommunale Abwasserreinigung in Baden-Württemberg „bald den Stand der Technik erreicht", so dass es nur für Gewässer „mit einem sehr hohen Abwasseranteil, oder durch Störungen im Betriebsablauf der Klärwerke" Probleme für die Trinkwasserversorgung gäbe. Es sei „durchaus möglich, auch bei hohen Anteilen an biologisch gereinigtem Abwasser einwandfreies Trinkwasser herzustellen" Jedoch gäbe es „kein unbelastetes Verdünnungswasser mehr". (Weizsäcker 1989, S. 70-71)
Schließlich sei noch die Sichtweise der Wasserwerke skizziert, für die Wolf Pluge Stellung nahm: „Die Wasserwerke dürfen nicht bis in extenso Reparaturbetriebe für

schlechtes Rohwasser bleiben. Die Lösung liegt nicht in immer subtileren Aufbereitungsmethoden." Des Weiteren fragte Pluge: „Gibt es einen Trend zur Aufweichung des Verursacherprinzips als rechtsstaatliches Prinzip?" (S. 72) Soll etwa „das Wasserversorgungsunternehmen als Nicht-Verursacher dafür zahlen, daß bei ihm ökologische Belastungen der Gewässer ... evident werden?" Vollzugs- und Kontrolldefizite abzubauen ist ebenso notwendig wie „der Abbau des Bewußtseins, daß der Gebrauch der Natur für Entsorgungszwecke im weitesten Sinne ein traditionell gewachsenes Rechtsgut sei, eine Art Gewohnheitsrecht, auch wenn sich dieser „Gebrauch im Übermaß" aufgrund des heutigen Wissensstandes als ökologisch nicht akzeptabel erweist." (Weizsäcker 1989, S. 73)

## 5 Was unterscheidet Trinkwasser von Mineralwasser?

Unstrittig gilt Trinkwasser als unverzichtbares Lebensmittel. Außerdem zählt zum Trinkwasser das Wasser für den sonstigen menschlichen Gebrauch, beispielsweise zur Körperpflege, allgemein im Haushalt oder zum Schwimmen. Auf die Herkunft, also ob es Quell-, Grund- oder Oberflächenwasser ist, kommt es dabei nicht an, auch nicht, wie es geliefert wird, in Flaschen oder anderen Behältern, Tankfahrzeugen oder aus einem Verteilernetz. (Trogemann 2000, S. 66-67) Trinkwasser darf aufbereitet werden, Zusatzstoffe und Desinfizieren sind erlaubt, jedoch nicht bei Mineralwasser. (Trogemann 2000, S. 71, 73) Im Vergleich zu Mineralwasser gelten für Tafelwasser niedrigere, für Heilwasser höhere Maßstäbe. „Tafelwasser ist ein Getränk, hergestellt aus Trinkwasser oder natürlichem Mineralwasser, dem eine oder mehrere Zutaten hinzugefügt sind. Als Zutaten dürfen Kohlensäure, Mineralsalze, Sole oder Meerwasser zugesetzt werden. Tafelwässer werden den Verbrauchern meist in Fertigpackungen angeboten. Verbraucher können Tafelwasser aber auch in Kantinen, Selbstbedienungsgaststätten, Fitnessstudios und ähnlichen Einrichtungen den dort vorhandenen Getränkeschankanlagen entnehmen, da Tafelwasser im Gegensatz zu natürlichem Mineralwasser und Quellwasser nicht am Ort der Gewinnung in die für den Verbraucher bestimmten Behältnisse gefüllt werden muss." (Evers 2009, S. 393) Heilquellen bedürfen staatlicher Anerkennung. Tafelwasser darf aus aufbereitetem Wasser stammen. Um Tafelwasser herzustellen, darf „neben Trinkwasser auch natürliches salzreiches Wasser, Meerwasser, verschiedene Salze und Kohlendioxid verwendet werden". (Trogemann 2000, S. 74-75) „Insgesamt besteht die Tendenz, die Unterscheidungsmerkmale zwischen Mineral- und Trinkwasser weiter zu verwischen." (S. 75) Für beide gelten Qualitätsstandards in Form von Richtwerten und Grenzwerten. Ein Überschreiten von Richtwerten bleibt ohne unmittelbare rechtliche Konsequenzen, denn sie sind nur Orientierungshilfen. Grenzwerte zu überschreiten, ist unzulässig.

Was ist das Schutzziel einer Grenzwertfestsetzung?
Es sei in letzter Zeit „im Umweltrecht im Hinblick auf das verfolgte Schutzziel eine Entwicklung von der Humantoxikologie über die anthropozentrische Umwelttoxikologie zur ökosystembezogenen Ökotoxikologie festzustellen." (Trogemann 2000, S. 82) Einige Wasserorganismen verfügen über eine niedrigere Toxizitätsschwelle als der menschliche Organismus, deshalb bedarf es der Beachtung von Wirkungen auf das Ökosystem und nicht lediglich den Menschen. (S. 82)
Alle Wässer dürfen nicht verunreinigt werden, müssen also frei sein von Krankheitserregern. (Trogemann 2000, S. 142) Neben mikrobiologischen Qualitätsanforderungen gelten auch chemische. Sie beziehen sich auf Stoffe wie beispielsweise Arsen, Chrom, Nitrat, Nitrit, Phenole, Quecksilber und polycyclische aromatische Kohlenwasserstoffe. (S. 147)
Die Mineralwasserrichtlinie RL 96/70/EG lässt den Mitgliedsländern weite Spielräume bezüglich der Qualitätsanforderungen für Mineralwasser. Darin kann eine Erklärung zu finden sein für die Unterschiede in den Messergebnissen der Stiftung Warentest 2012. Grenzwerte sind teilweise naturwissenschaftlich, aber ebenfalls politisch begründet. (S. 188) Im Mittelpunkt der nationalen und europäischen Gewässerschutzkonzepte steht der Schutz der Trinkwasservorräte, während der Schutz der Mineralwasservorräte „eher mittelbar durch einen allgemeinen Schutz der Grundwasser" stattfindet. (Trogemann 2000, S. 369)
Sowohl von staatlicher als auch unternehmerischer Seite findet eine Überwachung der Wasserqualität statt. Die amtlichen Kontrollen haben sich stärker von nachträglichem in Richtung auf präventives Überprüfen verlagert. Auf kommunale Selbstverwaltung hat dabei der Bund wenig Einfluss. Detaillierte Regelungen sind den Ländern vorbehalten. (Umweltbundesamt 2001, S. 56) Um die überregionalen Probleme zu koordinieren, bilden die deutschen Bundesländer die Länderarbeitsgemeinschaft Wasser (LAWA), als Arbeitsgemeinschaft der obersten Landesbehörden (Ministerien), die für Wasserwirtschaft und Wasserrecht zuständig zeichnen. Dem Landesrecht unterstehen die Kommunen.
Der Schwerpunkt kommunaler Wasserversorgung und Abwasseraufbereitung ist Gegenstand einer weiteren Veröffentlichung.

## 6 Mineralwasser – alltäglich, aber nicht immer keimarm

Einen kultur- und wirtschaftshistorischen Beitrag zur Geschichte der Mineralwassernutzung und der deutschen Mineralbrunnen leistet Ulrich Eisenbach im Auftrag des Verbandes Deutscher Mineralbrunnen (2004). Demgegenüber ist die Arbeit von Jens J. Trogemann eine rechtswissenschaftliche Dissertation (2000). Bei den bereits aus der Antike bekannten Heilquellen dringt Wasser an geologisch günstigen Stellen unterschiedlich stark mineralisiert an die Erdoberfläche, ist also ursprünglich weder Grund- noch Oberflächenwasser. (Eisenbach 2004, S. 9) Ende des 17. Jahrhunderts war Mineralwasser als europäische Handelsware ein Luxusgut und fand bereits regelmäßigen Absatz über Vertriebsnetze mit Groß- und Einzelhändlern. Zwischen „1775 und 1830 dürfte nahezu die Hälfte des in Deutschland verkauften Mineralwassers aus Niederselters gekommen sein. Der Begriff „Selterswasser" wurde geradezu zum Synonym für Mineralwasser". In der französischen, englischen, italienischen, spanischen, portugiesischen, niederländischen, norwegischen, russischen, tschechischen, slowakischen und polnischen Sprache bildeten sich entsprechende Wörter heraus und hielten sich bis in die Gegenwart. (Eisenbach 2004, S. 51) Niederselters liegt ein paar Kilometer südlich von Limburg und wurde bereits im Jahre 772 urkundlich erwähnt, und „der Name „Selters" findet sich ausschließlich für Orte, wo stark mineralisiertes Wasser aus der Erde sprudelt." (S. 52) Mineralbrunnen und entsprechende Betriebe lagen allermeist außerhalb von Wirtschaftszentren in Mittelgebirgen. Der sich allmählich steigernde Absatz verursachte hohe Transportkosten auf dem Weg zum Verbraucher in Gestalt „vermögender Bürger und Adliger". Angesichts hoher Handelsspannen und fortschreitender naturwissenschaftlicher Analysetechniken reifte bei Apothekern, Ärzten, Chemikern (und Kaufleuten) die Idee, „die natürlichen Mineralwässer nachzuahmen". (Eisenbach 2004, S. 115) Zu Beginn des 19. Jahrhunderts gelang es, Wasser mit Kohlensäure zu sättigen. (S. 115) Der Absatz der Mineralbrunnen steigerte sich gewaltig. Zwar stellte Mineralwasser für Industriearbeiter immer noch ein Luxusgut dar, aber insgesamt stieg die Nachfrage infolge der Industrialisierung. Die Entwicklung der Eisenbahn verbesserte die Transportverhältnisse sehr: um 1910 „gab es kaum einen Ort (in West- und Mitteldeutschland), der mehr als 10 km von einem Bahnhof oder einem Haltepunkt entfernt lag." (Eisenbach 2004, S. 131) Apollinaris-Brunnen überwand als erstes Unternehmen die kleingewerbliche Struktur und wurde ein modernes Industrieunternehmen. (S. 132) Die Tafelwasser-Verordnung von 1934 unterschied Mineralwässer von mineralarmen Wässern und künstlichen Mineralwässern. Analysewerte auf dem Etikett benötigte kein Mineralwasser, nur Heilwasser. (Eisenbach 2004, S. 229)

Als besondere Einflussfaktoren auf dem deutschen Markt erwiesen sich der Prozess der europäischen Einigung und die Wiedervereinigung 1990. In Ostdeutschland traten westdeutsche Unternehmen auf, die in viele neue Brunnenbetriebe investierten. Europäische Brunnen-Erfrischungsgetränke aller Art erweiterten das Sortiment. Für den deutschen Markt ergab sich ein deutlicher Qualitätsverlust infolge der Vereinheitlichung des europäischen Rechts: beispielsweise war ein bestimmter Mindestgehalt an Mineralien nicht mehr erforderlich. Statt der Regelungen aus dem Jahre 1934 galt, gemäß der EG-Mineralwasserrichtlinie von 1980, die Mineral- und Tafelwasser-verordnung von 1984. (Eisenbach 2004, S. 274) Dann wurde die EG-Mineralwasserrichtlinie am 28. November 1996 novelliert.

Der Europäische Gerichtshof kassierte 1997 die deutsche Regelung, wonach Voraussetzung für eine amtliche Anerkennung eines Mineralwassers „nicht nur seine ursprüngliche Reinheit, sondern auch ernährungsphysiologische Wirkungen nachgewiesen werden mussten.“ Dies sei kein Definitionskriterium, befanden die Europarichter. „Die Folge war, dass sich eine ganze Reihe von Quellen nach den neuen Bestimmungen als Mineralquellen qualifizierte und als solche auf den Markt drängte. Die traditionelle geografische Konzentration auf einige Gebiete im Rheinland, in Hessen, in Südwestdeutschland und im Harz, wo es die meisten hochmineralisierten Quellen gab, lockerte dadurch stark auf.“ (Eisenbach 2004, S. 275) Diese eher diplomatische Formulierung bezieht sich auf einen Sachverhalt, den im Juli 2012 die Stiftung Warentest folgendermaßen betitelt: „Mineralwasser. Viele Keime, wenig Mineralstoffe.“ Die Gesamtbeurteilung aus entsprechenden Tests lautete: „Wirklich empfehlen können wir keines der stillen Mineralwässer im Test. Jedes hat irgendeine Schwachstelle: Die einen bieten nur wenig Mineralstoffe, andere eignen sich nicht für Immunschwache, manche haben Kennzeichnungsmängel oder leichte Geschmacksfehler. Nicht einmal der Preis spricht für die Stillen.“ (Stiftung Warentest 7/2012, S. 22)

Wie oben vermerkt und Jens J. Trogemann in seiner rechtswissenschaftlichen Studie feststellt, wurden mit der europäischen Trinkwasserrichtlinie RL/98//83/EG und der Mineralwasserrichtlinie RL 96/70/EG entsprechende Bestimmungen von 1980 abgelöst. (Trogemann 2000, S. 38) Mineralwasser entstammt dem Grundwasser. In Deutschland sind Mineralbrunnen, jeweils entsprechend der geologischen Formation, fünf bis 800 Meter tief. (S. 40) Die Zahl der Mineralbrunnenbetriebe betrug 1998 etwa 242 und die der anerkannten Mineralwässer ungefähr 500. (S. 44) Der Mineralwasserverbrauch stieg in den letzten Jahren stark an, vor allem „bei stillen Mineralwässern, d.h. bei Mineralwässern mit besonders wenig oder gar keiner freien Kohlensäure“. (S. 42) Weil Mineralwasser dem Grundwasser entstammt, hat es auch Grundwasserqualität, das heißt es „ist weiterhin mit einer Verschlechterung der Grundwasserqualität zu rechnen. Tiefer gelegene Grundwasserleiter haben meist noch eine bessere Qualität. Es ist jedoch zu beachten, dass fast ausnahmslos direkte Verbindungen zwischen tiefem und oberflächennah gelegenem Grundwasser bestehen“. Es kann wohl davon ausgegangen werden, „dass auch in tiefer gelegenen und an sich besser geschützten Grundwasserschichten vermehrt Verschmutzungen auftreten werden. Schwierigkeiten bereiten vor allem die Belastung des Grundwassers mit Nitrat und Pflanzenbehandlungsmitteln. (Trogemann 2000, S. 45-46)

Im zweiten Text zum Wasser wird darauf näher eingegangen.

Einer der Hauptkritikpunkte ist die mikrobiologische Qualität von Mineralwasser seit den 1980er Jahren. „Besonders häufig war dabei eine Überschreitung des Grenzwertes für coliforme Keime festzustellen." (S. 60) Des Weiteren „werden erhöhte Keimbelastungen zumeist nur in kohlensäurearmen, nicht karbonisierten Wässern nachgewiesen, da die Vermehrung von Keimen durch das Kohlendioxid unterdrückt wird." Auch „sind zum Teil höhere Keimbelastungen bei Wässern festzustellen, die in Plastikflaschen abgefüllt sind." (Trogemann 2000, S. 61) Trogemann erinnert an Veröffentlichungen von F. Daschner aus den Jahren 1988 und 1996, wo bereits damals gefragt wurde, wie gesund Mineralwasser eigentlich sei. (S. 61, Anmerkungen 192-193, Verweis auf Medizin Heute 6/96) „Vereinzelt wird die Meinung vertreten, dass Trinkwasser in der Regel hygienisch einwandfreier sei als viele abgepackte Wässer." Oft seien im Mineralwasser nachgewiesene Keime an sich unbedenklich. Es wird berichtet, „dass die Keime aber für abwehrgeschwächte Patienten, von denen es in Deutschland einige Zehntausend gebe, eine Gesundheitsgefahr darstellten. So wird empfohlen, dass diese Patienten ein Mineralwasser nur noch abgekocht zu sich nehmen sollten." (Trogemann 2000, S. 61) Entsprechendes kann für Säuglinge gelten. (S. 59)
Unter Verweis auf eine Veröffentlichung von P.R.G. Schindler, Landesuntersuchungsamt Südbayern, über Enterobakterien in Mineral-, Quell- und Tafelwässern aus dem Jahre 1994 folgt der Hinweis auf die Möglichkeit, „dass das Vorkommen bestimmter Keime weniger auf die Qualität des verwendeten Grundwassers als vielmehr auf hygienische Mängel bei der Abfüllung des Wasser zurückzuführen sei." (Trogemann 2000, S. 61)
Neben der mikrobiologischen ist ebenso die chemische Qualität von Mineralwasser Gegenstand von großer Aufmerksamkeit seitens Betrieben, Behörden, Fachwissenschaftlern, Verbrauchern und Medien. Gegenstand des Interesses waren häufig Nitratwerte und der Nachweis von Pflanzenbehandlungsmitteln. Manche Mineralbrunnenbetriebe haben Brunnen geschlossen oder tiefere gebohrt, wenn interne Kontrollen Hinweise auf Verschmutzungen ergaben. (Trogemann 2000, S. 63)
Die Kostenstrukturen verdienen besondere Aufmerksamkeit. In seiner Dissertation kommt Hans-Jürgen Leist zu der Einschätzung, der Verbraucher interpretiere „steigende Wasserpreise als einen Ausdruck für die Knappheit der Ressource Wasser." Aus den Strukturen der Kosten, „den langen Anlagennutzungszeiten sowie den produktions- und leitungstechnischen Besonderheiten ergibt sich, dass die Wasserversorgung ökologisch, technisch und (sozio)ökonomisch nur dann optimal betrieben werden kann, wenn eine möglichst gleichmäßige und über die Zeit konstante Auslastung erfolgt. Dies gilt gleichermaßen für die Abwasserentsorgung." (Leist 2007, S. 178)

## 7 Wasserprojekte am Beispiel der Deutschen Bundesstiftung Umwelt

In der 2009 von Anja Grove und Franz-Peter Heidenreich herausgegebenen Studie „Wasser – Zukunftsfähige Nutzungen. Innovative Beispiele aus den Bereichen Gewässer/Wasser/Abwasser", Band 73 in der Reihe Initiativen zum Umweltschutz, werden Forschungsprojekte der Jahre 2000 bis 2008 vorgestellt, an denen deutlich wird, dass sich Projektträger und Autoren der Bedeutung des Wassers als Ressource und Lebensmittel bewusst sind.

Eine nachhaltige Wasserwirtschaft erscheint dringlich, weil sich infolge von Verstädterung, Industrialisierung und intensivierter Landwirtschaft die Wasserqualität verschlechtert sowie Grundwasserstände sinken. Grove und Heidenreich sind im Einklang mit der Agenda 21 der Konferenz für Umwelt und Entwicklung der Vereinten Nationen (OECD) vom Juni 1992 in Rio de Janeiro und der Europäischen Gemeinschaft (Richtlinie 2000/60/EG) der Ansicht, dass international eine Wasserbewirtschaftung auf lange Sicht sozial- und naturverträglich sein muss: „Die bisherige Vorgehensweise, den Zustand von Gewässern nur nach ihrer chemischen Qualität zu bewerten, ist nicht ausreichend; vielmehr muss auch der ökologische Zustand (Lebensbedingungen für aquatische Tier- und Pflanzenarten) ebenso wie die physikalische Belastungen (Aufwärmung, Versalzung, Versauerung und Wasserentnahmen) in die Bewertung eingehen." (S. 5) Der Gewässereintrag gefährlicher Stoffe muss eingestellt oder verringert werden. (Grove / Heidenreich 2009, S. 5) Wasserbauliche Maßnahmen infolge Trinkwassergewinnung, Schifffahrt, Wasserkraft, Schutz vor Hochwasser oder Tourismus verändern die meisten Gewässer. Das meiste Trinkwasser in Europa wird dem Grundwasser entnommen. Qualität und Menge von Wasserentnahmen bedürfen der Kontrolle. Der Wasserverbrauch eines durchschnittlichen privaten Haushalts in Deutschland hat sich vervielfacht. „Die Wassernutzung der verschiedenen Wirtschaftssektoren der EU-Länder weicht stark voneinander ab." (S. 7) Die regionalen Bedingungen, Thema einer gesonderten Publikation, sind zu berücksichtigen. Bewässerung wurde ausgeweitet. Noch immer ist die Belastung mit Schadstoffen zu hoch und werden zu viel Stickstoff, Phosphat und Pflanzenschutzmittel eingetragen.

„So kommt innovativer Wasser- und Abwassertechnik und nachhaltiger Wasserwirtschaft, deren Ziele dem Leitbild der DBU entsprechen, eine große Bedeutung zu. Dafür sind Umweltbildung und die Kommunikation über umfassende Informationen zur Umwelt eine wichtige Basis." (Grove / Heidenreich 2009, S. 7) Die Förderprojekte der Deutschen Bundesstiftung Umwelt (DBU) umfassen Grund- und Trinkwasser, Wassernutzung, Reinigung von Abwasser, Gewässerschutz, Wasserkreislauf sowie Kommunikation. (S. 7)

An einigen ausgewählten Schwerpunkten (Grund- und Trinkwasser, Kommunale Abwasserreinigung, Aquakultur) sollen Ziele und Ergebnisse der Arbeit der Deutschen Bundesstiftung Umwelt erläutert werden:

Schwerpunkt Grund- und Trinkwasser

Seit 1. Januar 2003 gilt in Deutschland eine novellierte Fassung der Trinkwasserverordnung. „Dies führte zu tief greifenden Veränderungen für Krankenhäuser, anderen medizinischen Einrichtungen sowie Altenheimen und anderen öffentlichen Einrichtungen, da die Hausinstallationen nunmehr in den Regelungsbereich der Trinkwasserverordnung einbezogen sind. Das Robert Koch Institut und das Umweltbundesamt warnen vor Gefahren von wasserassoziierten Keimen. Insbesondere wird empfohlen Leitungswasser im medizinischen Bereich nicht mehr in Risikobereichen oder zur Aufbereitung von Medizinprodukten einzusetzen." (Grove / Heidenreich 2009, S. 118) Hintergrund sind zahlreiche Infektionen in Deutschland, auch auf Intensivstationen. Die Deutsche Bundesstiftung Umwelt förderte die Entwicklung eines Filtermoduls zum Einsatz im „medizinischen Bereich, in Arztpraxen, Altenheimen und Krankenhäusern ohne zentrale Versorgung von keimfreien Wassern sowie für immungeschwächte Privatpersonen" sowie für Endverbraucher in Schwellenländern. (S. 118)

Schwerpunkt Kommunale Abwasserreinigung

Um europaweit einheitliche Umweltstandards auf kommunaler Ebene zu gewährleisten, wurden Erfahrungen aus Ostdeutschland seit 1990 für die Staaten Mittel- und Osteuropas ausgewertet. Es bedarf noch „erhebliche(r) Investitionen", um die Richtlinie 91/271/EWG umzusetzen und es gilt, „mangelhafte Kommunikation zwischen Technikern, Kaufleuten und Juristen zu vermeiden, um langfristige betriebswirtschaftliche Mechanismen zu berücksichtigen, um unkritische Gebührenprognosen, den undifferenzierten Umgang mit Vor- und Nachteilen privatwirtschaftlicher Lösungen und eine unzureichende Information der Öffentlichkeit zu vermeiden." Das einschlägige Computerprogramm Aqua-Dialog wurde für Ungarn, Tschechien, Slowenien, Slowakei, Russland, Rumänien, Polen, Litauen, Lettland, Estland und Bulgarien weiterentwickelt und übersetzt. (S. 168 ff.)

Schwerpunkt Aquakultur

Aquakultur ist ein wachsender Teil der Landwirtschaft. „Bei der Fischerzeugung entstehen Umweltbelastungen in Form von biologisch abbaubaren, organischen Stoffen und gelösten Pflanzennährstoffen. Diese Stoffe stellen aber ebenfalls eine wertvolle Ressource dar, die bspw. als Dünger oder Biobrennstoff Verwendung finden kann." (Grove / Heidenreich 2009, S. 285) Eines der Hauptprobleme stellt der Fischkot dar.

Fischfarmen sind heutzutage überwiegend Durchflusssysteme, wofür es jedoch weltweit an Wasser von guter Qualität mangelt. (S. 282) Auch die Abwässer sind umweltbelastend. „Die wesentlichen Defizite bei den derzeit betriebenen Aquakultur-Kreislaufanlagen (nach Stand der Technik) liegen in den Bereichen Trinkwassereinsatz, Energieverbrauch, Krankheitserreger und Schlamm." (S. 283)
Ein anderes Projekt für „Nachhaltige Aquakultur in kreislaufgeführten Systemen" war eine Machbarkeitsstudie am Aralsee, wo in den vergangenen Jahrzehnten der Fischertrag dramatisch zurückging. „Natürliche Fischbestände sind in den Süß- und Salzwasserreservoiren weitgehend abgefischt." Für Forellen, den Europäischen Wels und Karpfen in Teichanlagen scheinen in Usbekistan teilweise gute klimatische Bedingungen vorhanden zu sein, so das Institut für Umweltsystemforschung der Universität Osnabrück. Eine containerbasierte Brutanstalt ermöglicht Eierbrütung und Brutaufzucht für Besatzmaßnahmen mit Jungfischen. Ein wirtschaftlicher Erfolg hängt voraussichtlich im Wesentlichen von einer nachhaltigen Zusammenarbeit der regionalen Akteure ab. (Grove / Heidenreich 2009, S. 290)

## 8 Konsequenzen

Gemäß Deutscher Industrie-Norm (DIN 2000) gilt: „Dem Schutz des Trinkwassers nach Güte und Menge gebührt gegenüber anderen konkurrierenden Interessen der Vorrang. Grund-, Quell- und Oberflächenwasser, das der Trinkwasserversorgung dient, muß daher zum Wohle der Allgemeinheit in bestmöglicher Weise vor Verunreinigung und vor Beeinträchtigung der Ergiebigkeit geschützt werden" (Hütter 1988, S. 2) Diese lebenswichtige Aufgabe gehe alle an, nicht nur die Trinkwasserversorger und ihre Kontrolleure, sondern auch industrielle Produzenten von Abwasser, betont Hütter. „Sie fällt auch nicht allein jenen Schulen und fachlichen Ausbildungsstätten zu, die sich im Hinblick auf den angestrebten Beruf ihrer Kandidaten mit dem Thema Wasser pflichtgemäß zu befassen haben, sondern grundsätzlich allen Schulen, die aufgrund ihrer Bildungsziele dem Schüler größere Zusammenhänge und Einsichten zu vermitteln haben und die über entsprechende Möglichkeiten zu Übungen im chemischen Laboratorium verfügen. Es wäre wohl auch für einschlägige Studienrichtungen an den Universitäten noch ein Thema, das Aufmerksamkeit verdient." (Hütter 1988, S. 2)
Andreas N. Grohmann plädiert wie folgt: „ Eine wirkungsvolle – nachhaltige – Wasserwirtschaft in einer dicht besiedelten Region muss auf dem Prinzip des Kreislaufs des Wassers beruhen." (Grohmann 2010, S. 10)
Eine erste Konsequenz ist also, den aktuellen Stand des Wissens von Schülern und Studenten zum Thema Wasser, insbesondere Trinkwasser, zu überprüfen.

Eine zweite Konsequenz stellt der von Grohmann geforderte wasserwirtschaftliche Kreislauf dar, der zu einer weiteren Publikation gehört.
Als dritte Konsequenz rückt die Geschichte und aktuelle Problematik der städtischen Abwasserreinigung in den Mittelpunkt der Analyse.

## 9 Literatur / Internet


BACK, Werner (Hrsg.), 2008: Mikrobiologie der Lebensmittel. Getränke. Hamburg: B. Behr's Verlag. 3. Auflage

BELITZ, H.-D. / GROSCH, W. / SCHIEBERLE, P., 2008: Lehrbuch der Lebensmittelchemie. Berlin Heidelberg: Springer-Verlag. 6. Auflage

BÖHME, Hartmut, 1988: Umriß einer Kulturgeschichte des Wassers. Eine Einleitung. In: Böhme, Hartmut (Hrsg.), 1988. S. 7-42

BRIESEN, Detlef, 2010: Das gesunde Leben. Ernährung und Gesundheit seit dem 18. Jahrhundert. Frankfurt am Main: Campus Verlag

CARLSON, S. / SEIDEL, M., 2010: Mikrobiologie des Wassers. In: Nießner (Hrsg.), 2010. S. 305-409

EISENBACH, Ulrich, 2004: Mineralwasser. Vom Ursprung rein bis heute. Kultur- und Wirtschaftsgeschichte der deutschen Mineralbrunnen. Bonn: Verband Deutscher Mineralbrunnen e. V. (VDM)

EVERS, Karl Wolfgang, 2009: Wasser als Lebensmittel. Trinkwasser. Mineralwasser. Quellwasser. Tafelwasser. Hamburg: B. Behr's Verlag

FISCHER, Ludwig, 1988: Trank Wasser wie das liebe Vieh. Marginalien zur Sozialgeschichte des Umgangs mit Wasser. In: Böhme, Hartmut (Hrsg.), 1988. S. 314-352

GROHMANN, A. N., 2010: Einleitung. In: Nießner (Hrsg.), 2010. S. 1-11

GROVE, Anja / HEIDENREICH, Franz-Peter (Hrsg.), 2009: Zukunftsfähige Nutzungen. Innovative Beispiele aus den Bereichen Gewässer/Wasser/Abwasser. Berlin: Erich Schmidt Verlag. Reihe: Initiativen zum Umweltschutz Band 73

HEISS, Rudolf (Hrsg.), 2004: Lebensmitteltechnologie. Biotechnologische, chemische, mechanische und thermische Verfahren der Lebensmittelverarbeitung. Berlin Heidelberg. 6. Auflage

HÜTTER, Leonhard A., 1988: Wasser und Wasseruntersuchung. Methodik, Theorie und Praxis chemischer, chemisch-physikalischer und bakteriologischer Untersuchungsverfahren. Frankfurt am Main: Verlag Moritz Diesterweg, Frankfurt am Main und Salzburg: Verlag Sauerländer. 3. Auflage

KRAUSE, C. / CHUTSCH, M. / HENKE, M. / SCHULZ, M. / LEISKE, M. / MEYER, E. / SCHULZ, C. / SCHWARZ, E. / WOLTER, R., 1991: Umwelt-Survey. Messung und Analyse von Umweltbelastungsfaktoren in der Bundesrepublik Deutschland. Umwelt und Gesundheit. Band IIIb Wohn-Innenraum: Trinkwasser. Deskription der Spurenelemente im Haushalts- und Wasserwerks-Trinkwasser der Bundesrepublik Deutschland 1985/86. Berlin: Bundesgesundheitsamt

LEIST, Hans-Jürgen, 2007: Wasserversorgung in Deutschland. Kritik und Lösungsansätze. München: oekom Verlag, Gesellschaft für ökologische Kommunikation

MAUSER, Wolfram, 2007: Wie lange reicht die Ressource Wasser? Vom Umgang mit dem blauen Gold. Bonn: Bundeszentrale für politische Bildung

NIEßNER, Reinhard (Hrsg.), 2010: Karl Höll: Wasser. Nutzung im Kreislauf. Hygiene, Analyse und Bewertung. Berlin/New York: Walter de Gruyter. 9. Auflage

SCHÖN, Dieter / HOFFMEISTER, Hans / DARIMONT, Theodor / MANDELKOW, Jürgen / SONNEBORN, Manfred, 1982: Gesundheitlicher Einfluß von Trinkwasserinhaltsstoffen. SozEp-Berichte 6/1982. Schriftenreihe des Instituts für Sozialmedizin und Epidemiologie des Bundesgesundheitsamtes. Berlin: Dietrich Reimer Verlag

SCHUMANN, Gunther, 2002: Alkoholfreie Getränke. Rohstoffe – Produktion – Lebensmittelrechtliche Bestimmungen. Berlin: Versuchs- und Lehranstalt für Brauerei in Berlin (VLB). 9. Auflage

STIFTUNG WARENTEST, 2012: Mineralwasser. Stilles Wasser: Viele Keime, wenig Mineralstoffe. Test 7/2012. S. 22-29. Berlin: Stiftung Warentest

TROGEMANN, Jens J., 2000: Sicherstellung der Trink- und Mineralwasserqualität unter besonderer Berücksichtigung der Neuregelungen der Trinkwasserrichtlinie (RL 98/83/EG) und der Mineralwasserrichtlinie (RL96/70/EG). Berlin: Wissenschaftlicher Verlag (Zugl.: Hannover, Univ., Diss., 2000)

UMWELTBUNDESAMT (Hrsg.), 2001: Nachhaltige Wasserversorgung in Deutschland. Analyse und Vorschläge für eine zukunftsfähige Entwicklung. Autoren: Holger Brackemann, Hartmut Bartel, Helmut Höring, Christoph Kühleis, Jörg Rechenberg, Christian Teuchert. Berlin: Erich Schmidt Verlag

WEIZSÄCKER, Ernst U. von (Hrsg.), 1989: Gutes Trinkwasser – wie schützen? Konflikte um Wasserversorgung und Gewässerschutz. Bericht über zwei Vermittlungsgespräche unter der Leitung von E. U. von Weizsäcker, Institut für Europäische Umweltpolitik. Karlsruhe: Verlag C.F. Müller

WERNICKE, Frank, 1990: Mikrobielle Antagonismen im Trinkwasserbereich. Charakterisierung autochthoner Filterbiozönosen und deren Einfluß auf hygienisch relevante Bakterien. Berlin: Technische Universität (Zugl.: Berlin, Techn. Univ., Diss., 1990). Reihe: Veröffentlichungen aus dem Fachgebiet Hygiene der Techn. Univ. Berlin und dem Institut für Hygiene der Freien Universität Berlin. Band 5

http://www.muenchen.de/Rathaus/rgu/vorsorge_schutz/trinkwasser/index.html, 19.08.2012

http://www.swm.de/dms/swm/dokumente/m-wasser/trinkwasser-analysewerte.pdf, 19.08.2012

Abstract
Wasser als Lebensmittel und Wasser in Lebensmitteln erfordern eine Begrenzung in der Darstellung wegen des der großen Spannweite des Themas, das von sozial- und kulturgeschichtlichen Aspekten bis zu Natur- und Umweltschutz sowie Abwasser und Klärschlamm reicht. Trinkwasser gilt als Indikator für Lebensqualität. In Haushaltswässern ist es je nach verwendetem Material der Leitungen nach nächtlicher Stagnation zu Überschreitungen der EG-Grenzwerte für Schwermetalle gekommen. Bei eigenen Wasseraufbereitungsgeräten zeigten sich geräteabhängig teilweise deutliche Grenzwertüberschreitungen zahlreicher Wasserinhaltsstoffe. Manches Mineralwasser ist weniger zu empfehlen als durchschnittliches Leitungswasser. Grundwasser erfordert verstärkten Schutz.

Susanne Finsterer

# Wasserschutz

## Städtische und ländliche Risikofaktoren

Inhalt



### 1 Einleitung

Die Abhängigkeit von sauberem Trinkwasser eint die gesamte Bevölkerung unabhängig von Schichtenzugehörigkeit und Wohnort. Umso deutlicher verbinden sich die Ergebnisse wissenschaftlicher Untersuchungen mit einem politischen Imperativ oder gar einer Agenda.

Als Appell an Wassernutzer, Politiker und Öffentlichkeit versteht Hermann H. Hahn, Karlsruhe, seine Veröffentlichung über „Die Wasserwirtschaft von Morgen – Eine technische, wirtschaftliche und moralische Herausforderung für uns und für Dritte". (Hahn 2006, S. 1/1 – 1/9) „Diese Wasserwirtschaft wird nach gängiger Lehrmeinung umfassend definiert als die Ordnung aller Aktivitäten, die die natürlichen Wasserreserven betreffen, also nicht nur deren allseits und allezeit verträgliche Nutzungen, sondern vor allem auch der Schutz dieser Ressourcen." (S. 1/1) Hahn sieht die „moralische Verpflichtung, sicheres Wasser bereit zu stellen und gebrauchtes Wasser mit den Abfällen hygienisch abzutransportieren und in den natürlichen Kreislauf wieder einzugliedern." (S. 1/2) Siedlungswasserwirtschaft, also die Wasserwirtschaft dicht besiedelter und industrialisierter Räume, kennt bewährte Ansätze, mit Wasser zu versorgen und zu entsorgen. Hinzu kommt der Gewässerschutz, vor allem für Megacities. Privates Kapital und die Eigeninitiative Betroffener, „gerade in Regionen, in denen (noch) keine öffentliche Ver- und Entsorgung besteht“, sind Hermann Hahn ein besonders wichtiges Anlegen. (Hahn 2006, S. 1/6) Zu seinen Forderungen und Empfehlungen gehört, „so sparsam wie möglich“ mit Wasser umzugehen sowie Ernährung und Gewohnheiten der Nutzung „bewusster zu gestalten“. (S. 1/6) Vielleicht, meint Hermann H. Hahn, gibt es in Zukunft auch „Wasser- und Gesundheitsflüchtlinge“. (S. 1/9)

Die Arbeitsfelder der Siedlungswasserwirtschaft umfassen im Wesentlichen „die Bereitstellung einwandfreien Trinkwassers, die schadlose Ableitung des Abwassers und die Reinigung des Abwassers zum Schutz der Gewässer“, wie ebenfalls Roßnagel erwähnt hat. (Roßnagel 2005, S. 1-1). Ingenieurwissenschaftler, vor allem Bauingenieure, arbeiten „mit Chemikern, Biologen, Physikern, Mathematikern, aber auch Sozial- und Rechtswissenschaften“ bei Ausbildung und Forschung zusammen. (S. 1-2) Siedlungswasserwirtschaft gehört aufgrund ihrer Arbeitsweise und Effizienz „zum Kernbereich der Umweltforschung und -lehre.“ Roßnagel 2005, S. 1-4)

Als einen notwendigen Ansatz beim Wasserschutz sieht Florian Keil, Institut für sozial-ökologische Forschung GmbH in Frankfurt am Main, das Verursacherprinzip. Deshalb thematisiert er „eine Schattenseite des verbreiteten Einsatzes von Medikamenten“, deren Relevanz für die Umwelt. (Keil 2009, S. 7/1) Mittlerweile sind Pharmaka, die Menschen und Tieren verordnet wurden, „in Oberflächengewässern und im Grundwasser allgegenwärtig – einzelne Stoffe dringen sogar bis ins Trinkwasser vor“. (S. 7/1) Keil sieht „negative Effekte“ für Tiere und Pflanzen. In einem vorsorgenden Handeln kommt „einer langfristigen Stärkung des Trinkwasserschutzes“ besondere Bedeutung zu. „Unter einer Nachhaltigkeitsperspektive bedeutet dies, schon die Belastungen der Gewässer zu verringern.“ (Keil 2009, S. 7/1) Entsprechende Maßnahmen würden die Trinkwasserquellen schützen, künftigen Generationen dienen und Umweltrisiken verringern. Neben dem gesellschaftlichen Nutzen des Einsatzes von Arzneimitteln sind die Folgen ihres Einsatzes zu bedenken, und dazu gehören die Konsequenzen für den Schutz von Gewässern und Trinkwasser. Florian Keil erkennt einen dringenden Bedarf, Handlungsmöglichkeiten zu bestimmen, wie Gewässerbelastungen verringert werden können: er schlägt vor, Arzneimittelwirkstoffe zu entwickeln, „die zugleich auf Wirksamkeit beim Menschen und Abbaubarkeit in der Umwelt optimiert sind.“ Zusätzlich sollten die gegenwärtigen Verschreibungspraktiken sowie die Gebrauchs- und Entsorgungsmuster umweltfreundlicher gestaltet werden. Auch ein „Emissionsmanagement“ wäre nützlich zur „Optimierung von Abwasserentsorgung, Abwasserreinigung und Trinkwasseraufbereitung bei der Entfernung von Arzneimittelrückständen.“ (Keil 2006, S. 7/2) Bedauerlicherweise spielen

„Umweltaspekte bei Verschreibung oder Kauf, Gebrauch und Entsorgung von Arzneimitteln bisher kaum eine Rolle." (S. 7/3) Nehmen Ärzte, Apotheker und Patienten diese heikle Situation überhaupt wahr? „Das Problem der Belastung von Trinkwasser mit Arzneimittelrückständen spielt in der öffentlichen Wahrnehmung bisher kaum eine Rolle." (Keil 2006, S. 7/5)

Trinkwasser definierte Karl Höll als „zur menschlichen Ernährung gefördertes, reines Grundwasser oder Quellwasser oder für menschlichen Bedarf aufbereitetes Flußwasser oder Seewasser. Trinkwasser ist das zum menschlichen Genuß, zum Trinken und zur Lebensmittelbereitung, bestimmte Wasser". Der Mensch kann es nicht länger als zwei bis drei Tage entbehren. (Höll 1986, S. 66) „Das für die Speisung von Trinkwasserleitungen bestimmte Wasser soll so beschaffen sein, daß es Rohre und Behälter nicht angreift; es soll auch beim Stehen im Rohrnetz keine nennenswerten Abscheidungen zeigen, da sonst Rohrverengungen eintreten. Trinkwasser soll weiterhin frei von Bestandteilen des Rohrmaterials und der Behälter sein (Eisen, Zink, Blei usw.). Ein Innenanstrich darf höchstens nur anfänglich den Geruch und Geschmack des Wassers beeinflussen." Trinkwasser unterliegt dem Lebensmittelrecht. (Höll 1986, S. 68)

Planktische Algen oder tierische Organismen können in allen Trinkwasserversorgungsanlagen vorkommen. „Die Beobachtung tierischer Organismen in den Anlagen der zentralen Wasserversorgung ist so alt wie die öffentliche Wasserversorgung selbst. Die ältesten trinkwasserbiologischen Untersuchungen der Neuzeit stammen aus der Mitte des 19. Jahrhunderts. Unabhängig voneinander veröffentlichten zunächst Hassal (1850) in London und kurze Zeit später Cohn (1853) in Breslau die ersten Arbeiten über das Vorkommen von Organismen im Trinkwasser." (Schreiber u. a. 2010, S. 541) Ohne dass dafür eine Begründung geboten wird, lässt sich mit Schreiber, Westphal und Schoenen feststellen: „Erst in den letzten Jahren gewann die Betrachtung biologischer Aspekte sowohl in der Aufbereitung als auch im Versorgungsnetz wieder vermehrte Aufmerksamkeit." (S. 541) Aktuelle Untersuchungen betreffen Verunreinigungsanzeiger, ob belebt oder unbelebt, „Algen und potentielle toxische Cyanobakterien" und Tiere, „die durch ihre Ausscheidungen die Koloniezahl erhöhen oder sogar pathogene Keime übertragen." (Schreiber u. a. 2010, S. 544) Abhängig von der Beschaffenheit des Rohwassers können tierische Organismen im Verteilungsnetz aus dem Grundwasser oder aus Oberflächengewässern kommen. Grundwasser und angereichertes Grundwasser enthalten tendenziell weniger Kleintiere als Wasser aus Talsperren oder Uferfiltrat. (S. 544-545) Bezüglich Organismen im Verteilungsnetz ist jedoch außer der Rohwasserquelle „die Art und Effektivität der Aufbereitung" entscheidend. (Schreiber u. a. 2010, S. 545) Im Verteilungsnetz können sich Kleinlebewesen nicht nur halten, sondern vermehren „und damit unter günstigen Bedingungen eine stabile Besiedlung vor allem im Rohrnetz" erreichen. (S. 546) Sowohl die Vielfalt als auch die Häufigkeit von Organismusgruppen im Verteilungssystem hat deutlich zugenommen, wie sich bei gezielten Spülaktionen zeigte. Die identifizierten Organismen leben in Ablagerungen an Wänden und im Boden von Rohrleitungen und sind den Strömungsverhältnissen angepasst. Überwiegend handelt es sich um „anorganische Partikel aus Eisen, Mangan und Kalk" und „mit einem bakteriellen Biofilm überzogen, der die eigentliche Lebensgrundlage für eine stabile Besiedlung mit höheren Organismen darstellt." (Schreiber u. a. 2010, S. 547) Dies zeigt sich besonders deutlich in Speicheranlagen beziehungsweise Behältern, worin die Verweildauer des Wassers in der Regel größer ist als im Rohrnetz. Mängel in der Aufbereitung oder betriebstechnische Störungen wie Defizite in der Filterleistung können dazu führen, dass Organismen in das Verteilungsnetz gelangen und dort dauerhaft siedeln. (S. 547-548) Hygienisch betrachtet ergeben sich aus den durchschnittlichen Temperaturunterschieden in gemäßigten Breiten im Vergleich zum Mittleren Osten oder Afrika und Indien unterschiedliche Folgen für das Wachstum von Parasiten in Rohrleitungen. „Allerdings besteht durchaus ein Unterschied zwischen einem Trinkwasser, das dadurch charakterisiert ist, dass eben gerade alle Grenzwerte noch eingehalten werden, und einem qualitativ hochwertigen Trinkwasser, das konsequent nach dem Stand der Technik gewonnen, aufbereitet und an den Verbraucher verteilt wird." (Schreiber u.a. 2010, S. 548) Allerdings ist auch ein nach dem Stand der Technik aufbereitetes Trinkwasser „nicht vollständig frei von Kleinstlebewesen." (S. 549)

Nach Feststellung von Schreiber, Westphal und Schoenen sind Vermeidungsstrategien von wesentlicher Bedeutung. Eine große Rolle spielt eine „den technischen Regeln entsprechende Ausführung der Anlagen und eine sorgfältige und regelmäßige Kontrolle und Wartung" sowie „regelmäßige Inspektionen". (Schreiber u. a. 2010, S. 549) Damit der mikrobielle Abbau nicht erst im Verteilungsnetz, sondern bereits in der Aufbereitung stattfindet, sind „wirksame Verfahren wie zum Beispiel die Langsamsandfiltration oder die biologische Aktivkohlefiltration einsetzbar." (550) Die Filter von Aufbereitungsanlagen müssen regelmäßig überprüft werden. „Gut gepflegte Verteilungsanlagen und sorgfältiges Arbeiten bei allen Neuverlegungen und Reparaturarbeiten sind eine wichtige Voraussetzung dafür, dass es auf dem Wege des Trinkwassers zum Verbraucher nicht zu einer relevanten Vermehrung von Organismen kommt. Glatte Rohrwandungen und ständig gut durchflossene Leitungen sind der beste Schutz gegen eine Besiedlung innerhalb des Versorgungsnetzes." (Schreiber u. a. 2010, S. 550)

2 Rechtliche und technische Regeln (Normen)

Der Schutz des Wassers, insbesondere des Trinkwassers gehört zur Sicherung der Lebensgrundlagen und der aquatischen Umwelt. (Gordalla 2010, S. 987) Bis 1975 wurde in der Bundesrepublik Deutschland der Erlass einer Trinkwasserverordnung „lange Zeit durch Interessenkonflikte blockiert. Kritik kam auch von Seiten der Wasserwirtschaft, die unnötige Verschärfung in der Überwachung, einen zunehmenden Einfluss der Verwaltung und wirtschaftliche Belastungen befürchtete." (Gordalla 2010, S. 987)

Entsprechendes gilt wohl für fast alle europäischen Länder, denn die „Berücksichtigung der Umwelterfordernisse und die Schaffung von Umweltvorschriften waren in den Römischen Verträgen nicht ausdrücklich geregelt. Die Europäische Gemeinschaft war aber von Anfang an mehr als eine Freihandelszone auf völkerrechtlicher Basis. Sie war von Beginn an auch als Rechtsgemeinschaft konzipiert." (Florenz 1999, S. 1/17) Im Mittelpunkt der Außendarstellung stand anfangs ein westeuropäisches Bestreben nach einem gemeinsamen Markt durch Beseitigung von Handelshemmnissen. Erst viel später zogen Themen wie Trinkwasserschutz ihre Aufmerksamkeit auf sich. Ein europa-politischer Paradigmenwechsel brachte die Europäische Kommission dazu, „Qualitätsziele zum Leitprinzip für den Gewässerschutz" zu machen. (Florenz 1999, S. 1/35) Die Gründe für die „Anfänge der gemeinschaftlichen Umwelt- oder Wasserpolitik in der Vergangenheit sind bestimmt von Entwicklungen und Ereignissen oder Unfällen in den 60er und 70er Jahren. Ernste Meeresverschmutzungs- und Gewässerverschmutzungsprobleme wie die der Nordsee und die des Rheins waren Themen des Tages. Die Probleme der Wasserverschmutzung bestimmten vorrangig die Umweltpolitik dieser Jahre. Schaumberge auf den Flüssen durch nicht abbaubare Detergenzien, Fischsterben, Schwermetallbelastungen im Plankton, Lebewesen und Sedimenten, Fisch- und Muschelerkrankunken, Algenblüten, eutrophierende und kippende Gewässer und Seen bis hin zu Trinkwasserverunreinigungen oder massiven Problemen in Trinkwasseraufbereitungsanlagen durch weitgehend ungereinigte Ableitungen aus der Industrie und den Gemeinden in die Flüsse und Meere" gab es. (Florenz 1999, S. 1/3) Das Einzugsgebiet der Nordsee ist dicht besiedelt und industrialisiert und betreibt intensive Landwirtschaft. Noch 1990 wurden „11.000 t Schwermetalle über die Zuflüsse eingeleitet plus einer gleich hohen Menge aus der Luft. Hinzu kamen 100.000 t Phosphate und 1 Mio. t Stickstoff zuzüglich 300.000 t bis 600.000 t aus der Luft. Allein 1,6 Mio. t flüssige Abfälle und 55 Mio. t Baggergut aus den Flüssen und Häfen wurden 1988 in die Nordsee versenkt, die weitere 13.000 t Schwermetalle enthielten. Nach dem Bericht der Paris- und Oslokommission überschritten 1986 Fisch- und Muschelbelastungen mit Kadmium und Quecksilber vielfach die zulässigen Qualitätsstandards. Der Quecksilberein-

trag lag etwa 1,5fach über dem natürlichen, bei Blei, Kupfer und Zink sogar über dem 12fachen natürlichen Wert. Die Phosphat- und Stickstoffbelastungen führten zu alarmierend geringen Sauerstoffgehalten in Nord- und Ostsee, wobei in beiden Fällen eine Zunahme des biologischen und chemischen Sauerstoffbedarfs seit 1950 um den Faktor 3 gemessen wurde. Wenn man die verschiedenen eutrophierenden Küstengewässer in Europa vergleicht, so stellt man trotz aller regionalen Unterschiede fast, daß sich hinter den Belastungen im Wesentlichen die gleichen Verschmutzungsprobleme bzw. Verhaltensweisen verbergen.“ (Florenz 1999, S. 1/3-1/4)
Der erwähnte europäische Paradigmenwechsel war also umweltpolitisch dringend notwendig geworden und fand in der Wasserrahmenrichtlinie (WRRL) 2000/60/EG eine weiterzuentwickelnde Form. Europäische Kommission, Europäisches Parlament und Rat, Mitgliedstaaten, Beitrittstaaten und Norwegen, Internationale Flussgebietskommissionen und Europäischer Gerichtshof wirken zusammen, um dem neuen Gewässerschutzrecht der Europäischen Union zum Erfolg zu verhelfen. Allerdings müssen die lokalen, regionalen, nationalen und europäischen Politiker Aktivität zeigen. (Blöch 2004, S. 1/4)
Die Europäische Union spielt, so Karl Wolfgang Evers, ehemaliger Referatsleiter neben anderem für die Gebiete Getränke und kosmetische Mittel im Bundesministerium für Verbraucherschutz, eine immer wichtigere Rolle bei der Rechtsetzung für Lebensmittel, einschließlich Trinkwasser. Die Verbraucher sollen vor gesundheitlichen Gefahren und Täuschung geschützt und gleichzeitig der freie Handel gewährleistet sein. „Die Rechtsetzung erfolgt durch Erlass von Verordnungen oder Richtlinien des Rates und des Europäischen Parlaments auf Vorschlag der Europäischen Kommission. Die Verordnungen gelten unmittelbar in allen Mitgliedstaaten der Europäischen Union, während die Bestimmungen von Richtlinien erst der Umsetzung in das nationale Recht der Mitgliedstaaten bedürfen. Zur Durchführung technischer Regelungen können der Rat und das Europäische Parlament die Europäische Kommission ermächtigen, ebenfalls Verordnungen oder Richtlinien, jedoch mit der Zustimmung der Mehrheit der Mitgliedstaaten zu erlassen. Die Vorschriften werden im Europäischen Amtsblatt veröffentlicht.“ (Evers 2009, S. 449)
Rechtsnormen, technische Normen, Empfehlungen und „allgemein anerkannte Regeln der Technik“ wirken zusammen. Letztere sind Festlegungen, „deren Inhalt von der Mehrheit der Fachleute als zutreffende Beschreibung des Standes der Technik zum Zeitpunkt der Veröffentlichung anerkannt wird. Dies ist bei technischen Festlegungen zu vermuten, die nach einem Verfahren zustande gekommen sind, das allen betroffenen Fachkreisen die Möglichkeit der Mitwirkung bietet.“ (Gordalla 2010. S. 988) Beispielsweise steht in der Trinkwasser-Verordnung im §4, Abs. 1: „Wasser für den menschlichen Gebrauch muss frei von Krankheitserregern, genusstauglich und

rein sein. Dieses Erfordernis gilt als erfüllt, wenn bei der Wassergewinnung, der Wasseraufbereitung und der Verteilung die allgemein anerkannten Regeln der Technik eingehalten werden ... " (Gordalla 2010, S. 988)
Um die Wassergüte rechtlich abzusichern, gibt es Grenzwerte. In diesem Zusammenhang müssen zulässige Abweichungen von den Grenzwerten (zum Beispiel bei der langjährigen Verwendung von Bleirohren), „direkt oder durch Verweis auf technische Normen oder die allgemein anerkannten Regeln der Technik festgelegt werden." (S. 989) Das Handbuch des Deutschen Wasserrechts enthält alle wasserrelevanten Rechtsnormen. Die Richtlinien der Europäischen Union sind in den Sprachen der Mitgliedstaaten im Internet aufgeführt. Zu den Rechtsnormen des Wasserrechts gehören das Gesetz zur Ordnung des Wasserhaushalts von 2009 (zur Umsetzung von EU-Richtlinien), das Gesetz zur Verhütung und Bekämpfung von Infektionskrankheiten beim Menschen von 2009, die Verordnung über die Qualität von Wasser für den menschlichen Gebrauch von 2001, die aktuelle Fassung der Verordnung über die Qualität von Wasser für den menschlichen Gebrauch, die Mineral- und Tafelwasser-Verordnung in der Fassung von 2006 (zur Umsetzung einer EU-Richtlinie), das Lebensmittel- und Futtermittelgesetzbuch, die Lebensmittel-Hygieneverordnung, das Bundes-Bodenschutzgesetz, das Kreislaufwirtschafts- und Abfallgesetz, das Pflanzenschutzgesetz, die Düngeverordnung, das Wasch- und Reinigungsmittelgesetz, das Abwasserabgabengesetz und die Abwasserverordnung, die Klärschlammverordnung, das Atomgesetz, das Gesetz zum vorsorgenden Schutz der Bevölkerung gegen Strahlenbelastung, die Verordnung über den Schutz vor Schäden durch ionisierende Strahlen und andere Rechtsregeln. (Gordalla 2010, S. 989-993)
„Technische Normen und Empfehlungen sind immer auch das Ergebnis eines Konsenses in Fachgremien. Sie sind von der Gestaltungskraft der Leitung von Gremien abhängig. Es ist augenfällig, dass der Wasserbau fast ausschließlich von staatlichen Stellen geregelt wird (siehe LAWA) und dass am anderen Ende der Wasserversorgung, bei der Hausinstallation, fast ausschließlich Private tätig sind. Entsprechend unterschiedlich sind Gremien-Zusammensetzung und Ergebnisse, z. B. in Bezug auf DIN-Normen." Gordalla 2010, S. 993-994) Unterschiedliche Fachbereiche gibt es für Wasserbau und Wasserbewirtschaftung, Wasserversorgung, Abwasserentsorgung, Hausinstallation und Gebäudetechnik, Schwimmbäder und Wasseranalytik. (S. 994) DIN-Taschenbücher (des Beuth-Verlages, Berlin) enthalten Normen des Wasserwesens. Im Internet finden sich unter www.beuth.de Normen, deren Nummer bekannt ist. Im DIN-Taschenbuch 12 stehen die Leitsätze für Anforderungen an Trinkwasser, Planung, Bau, Betrieb und Instandhaltung der Versorgungsanlagen (DIN 2000), Technische Regeln für Trinkwasser-Installationen (DIN 1988-1 bis -8), Regeln zum Schutz des Trinkwassers vor Verunreinigungen in Trinkwasser-Installationen

(DIN EN 1717) sowie für die Aufbereitung von Schwimm- und Badebeckenwasser (DIN 19643-1 bis -5). (Gordalla 2010, S. 995) Bereits seit 1976 gibt es das Deutsche Einheitsverfahren zur Wasser-, Abwasser- und Schlammuntersuchung (DEV). (S. 995-996) Weiteres Regelwerk entwickeln der Deutsche Verein des Gas- und Wasserfaches e. V. (DVGW), sowie die Deutsche Vereinigung für Wasserwirtschaft, Abwasser und Abfall e. V. (DWA). Die DWA ist eine technisch-wissenschaftliche Vereinigung mit den Arbeitsfeldern Abwasser- und Klärschlammbehandlung, Hydrologie, Wasserbewirtschaftung, Gewässer und Boden sowie Wasserbau und Wasserkraft." (S. 996) Das Arbeitsblatt DVGW W 270 regelt die „mikrobiologische Prüfung von Kunststoffen im Kontakt mit Trinkwasser". (Gordalla 2010, S. 998) Für die Wasserversorgungspraxis sind auch die Merkblätter DVGW W 271 und W 291 Teil des technischen Regelwerks. (Schreiber u. a. 2010, S. 541 und 550)
Zu den Aufgaben des Umweltbundesamtes gehört es, „Konzeptionen zur Vorbeugung, Erkennung und Verhinderung der Weiterverbreitung von durch Wasser übertragbaren Krankheiten zu entwickeln." (Gordalla 2010, S. 996)
Damit Gesetzgebung und Vollzug der zuständigen Ministerien der Bundesländer der Bundesrepublik Deutschland gewährleistet ist, wurde 1956 von diesen die Länderarbeitsgemeinschaft Wasser (LAWA) gegründet, deren Geschäftsordnung von 2008 datiert. Die LAWA bearbeitet „die Themenfelder Wasserrecht, Gewässerkunde, Gewässer- und Meeresschutz, Ökologie, Hochwasserschutz, Küstenschutz, Grundwasser, Wasserversorgung, Kommunal- und Industrieabwasser und den Umgang mit wassergefährdenden Stoffen". Arbeitsergebnisse finden sich in LAWA-Publikationen des Kulturbuchverlages, Berlin, Titel und Inhaltsverzeichnis unter www.lawa.de. (Gordalla 2010, S. 998-999) „Empfehlenden Charakter auf der Ebene der Bundesländer hat die LAWA-Arbeitshilfe" zur Umsetzung der EU-WRRL (Wasserrechtsrichtlinie). (Friedrich 2004, S. 2/4)

## 3 Biologische, mikrobiologische, virologische und chemische Aspekte des Schutzes von Trinkwasser

„Lange Zeit" – so Sven Carlson – glaubte man (in Deutschland), „die Probleme auf dem Gebiet der Wasserdesinfektion für die Belange der Trinkwasserversorgung" seien gelöst. (Carlson. 1989, S. 25) Die Wassergewinnung war in der Folge von „großen Trinkwasserepidemien" zu Beginn des 20. Jahrhunderts umgestellt worden, nämlich „von Oberflächenwasser auf Grundwasser". Jedoch sind neue Probleme hinzugekommen, weil „aufbereitete und desinfizierte Wässer in Fernwasserleitungen und überdimensionierten, verzweigten Rohrnetzen wesentlich länger verweilen. So wurde Wasserversorgung ein Thema der Mikrobiologie. (Carlson 1989, S. 25)

„Trinkwasser ist in der Regel keimarm, aber nur selten keimfrei." (S. 25) Die Herkunft und Aufbereitung sowie der Gehalt an Keimen in Menge und Art sind bestimmend. „Das Wasser ist mikrobiologisch nur wenig erforscht. Jeder Kurzschluß zwischen Trinkwasser und Abwasser führt zu einem örtlich und zeitlich begrenzten epidemischen Auftreten einer Infektionskrankheit. Das Trinken von verunreinigtem Wasser löst nicht immer eine Erkrankung aus, weil die dazu notwendige Zahl an Infektionserregern im Wasser durch Verdünnung der Verunreinigung nicht erreicht wird." (Carlson 1989, S. 26)
Erkenntnisfördernd waren Fehler, „die zu Epidemien führten. Ursachen der durch „verseuchtes" Trinkwasser entstandenen Massenerkrankungen waren: unzureichende Aufbereitung bzw. Desinfektion, Leichtfertigkeit, unzureichende Schutzzonenverhältnisse, bauliche Mängel, Querverbindungen im Leitungsnetz, falsche Beseitigung von Abfallstoffen oder höhere Gewalt." (Carlson 1989, S. 26) Durch Wasser übertragene Infektionen betreffen meistens den Magen-Darm-Trakt. Auslöser können Viren, Protozoen oder Bakterien sein. In tropischen Ländern sind sie die häufigste Ursache des Todes von Kindern unter 5 Jahren. (S. 26) „25 – 40 % der in tropischen Ländern durch Wasser bzw. Lebensmittel erworbenen Reisediarrhoen werden durch enterotoxinbildende E. coli ausgelöst." (S. 27) In Mitteleuropa sind Infektionsrisiken durch Trinkwasserversorgung sehr gering, weil hygienische Erfordernisse bei der Gewinnung, Aufbereitung und Verteilung von Wasser im Verlauf von Jahrzehnten optimiert wurden. (Carlson 1989, S. 28) Chlor als Desinfektionsmittel einzusetzen, wie seit etwa den dreißiger Jahren, beinhaltet die Schwierigkeit, die erforderliche Mindestkonzentration an Chlor zu bestimmen, denn die Wasserbeschaffenheit muss unverändert bleiben, was bei Oberflächengewässern „niemals über längere Zeit" der Fall ist, denn sie schwankt bereits im Tagesrhythmus. Außerdem „verändert sich ihre Zusammensetzung durch Regenfälle, Schneeschmelze, Trockenheit sowie Algenstoffwechselprodukte und Fäulnisvorgänge im Verlauf von Eutrophierungsprozessen." (S. 31) Der steigende Wasserbedarf führt zur verstärkten Nutzung von verunreinigtem Oberflächenwasser, „das häufig vor seiner Aufbereitung gechlort werden muß." Häufig werden Keime durch die in den Wasserwerken üblichen Konzentrationen an Chlor nicht abgetötet. (Carlson 1989, S. 45-46) Das aufbereitete Wasser einer Bodenpassage zu unterziehen, ist bezüglich der Zuverlässigkeit der Desinfektion einer Chlorierung vorzuziehen. (S. 46)
Im Trinkwasser finden sich trotz sachgerechter Aufbereitung Mikroorganismen in geringen Konzentrationen, wodurch der Keimgehalt (Koloniezahl) bestimmt wird. Häufig lassen sich „zahlreiche Bakterienarten der verschiedensten Gattungen nachweisen, die dem medizinischen Mikrobiologen oft nicht bekannt sind und auch von einem erfahrenen Wasserbakteriologen nicht immer typisiert werden können. Das Wasser ist

mikrobiologisch noch wenig erforscht. Auf dem Weg über das Wasser kann eine Anzahl von verschiedenartigen Krankheitserregern übertragen werden.“ (Carlson / Seidel 2010, S. 305) Mikrobiologische Wasseruntersuchungen haben das Ziel, seuchenhygienisch relevante Kontaminationen möglichst frühzeitig zu identifizieren. Allerdings gelingt es selten, die Krankheitserreger bei Ausbruch einer Epidemie aus Wasserproben zu isolieren, vielmehr bedarf es eines indirekten Nachweises, beispielsweise durch Stuhlproben oder Antikörper im Blut. Bei einigen Infektionskrankheiten vergeht eine verhältnismäßig lange Zeit zwischen Infizierung und Krankheitsausbruch (Inkubationszeit). (Carlson / Seidel 2010, S. 305-306) Aus einer Reihe von Gründen schwankt die mikrobiologische Wasserqualität. Dabei spielen eine Rolle: jahreszeitlich unterschiedliche Temperaturen und Nährstoffgehalte, Verweildauer des Wassers bei Aufbereitung, in Reservoiren sowie im Verteilernetz, oder Vermischung, beispielsweise von Grundwasser mit aufbereitetem Oberflächenwasser, was Verkeimungen begünstigen kann, oder „Undichtigkeiten, Korrosionsstellen und Inkrustungen im Leitungsnetz oder an Oberflächen von Auskleidungsmaterialien in den Reservoiren“, das meint „Biofilme“. Diese „können permanent Bakterien beherbergen und das Wasser in unterschiedlichen Ausmaß ständig kontaminieren“. Ändern sich die Strömungsverhältnisse im Verteilernetz weil es vergrößert oder verändert wird, kann sich dies ebenfalls nachteilig auswirken. (Carlson / Seidel 2010, S. 306) Es ist möglich, wie Felduntersuchungen ergeben haben, dass pathogene Mikroorganismen für längere Zeit im Boden überdauern und durch Regenwasser oder anderes Oberflächenwasser in das Grundwasser gelangen. „Im Vergleich zu Oberflächenwasser ist über die Lebensdauer pathogener Mikroorganismen in tieferen Bodenschichten und im Grundwasser weniger bekannt.“ (S. 318) Für die Versorgung mit Trinkwasser sind die Verschleppung dieser Organismen in Grundwasserleitern und ihre Persistenz entscheidend. Persistenz ist die Widerstandsfähigkeit von Bakterien (und Viren) „gegenüber äußeren biologischen, chemischen oder physikalischen Einflüssen“. (S. 320) Pathogene Mikroorganismen kommen in der Natur auch verkapselt oder in Schleimhüllen vor; sie sind in diesen Substanzen „bisher vielfach übersehen worden, weil sie bei Anzüchtung und Subkultivierung der Mikroorganismen in flüssigen und auf festen Nährmedien nicht gebildet werden.“ (Carlson / Seidel 2010, S. 319)

Ein „Erregerspektrum der am häufigsten durch kontaminierte Lebensmittel oder kontaminiertes Wasser verbreiteten Infektionen“ listen Sven Carlson und Michael Seidel auf. (S. 342-344) Eine Variante von E. coli Bakterien führt zu EHEC-Infektionen mit wässriger, blutiger Diarrhoe. (S. 342, 345-351) „Die Übertragung der Erreger erfolgt indirekt über fäkal kontaminierte Lebensmittel, vor allem durch unzureichend gegartes Rindfleisch, Rohwurst, nicht pasteurisierte Milch, Rohmilchprodukte und Wasser.

Aber auch durch eine Reihe weiterer Lebensmittel, z. B. Salat und Sprossen, wurde eine Übertragung beschrieben." (Carlson / Seidel 2010, S. 349) Aufgrund von Berichten japanischer Wissenschaftler (1998) ist erwiesen, dass „mit kontaminiertem Wasser kultivierte Sprossen ein Infektionsrisiko für den Menschen darstellen können. Da die Bakterien im Pflanzengewebe selbst überdauern, hilft noch so gründliches Waschen nicht, die Infektionsgefahr zu bannen. Nur durch Kochen könnten solche kontaminierten Pflanzensprossen wieder unbedenklich genießbar gemacht werden." (S. 350) Symptomlose Ausscheider von EHEC „sind weltweit am häufigsten und regelmäßigsten" Rinder, aber auch Schafe und Ziegen spielen eine wichtige Rolle. (Carlson / Seidel 2010, S. 350) Mit EHEC infizieren sich Menschen über „kontaminierte Lebensmittel und Trinkwasser sowie Baden in kontaminiertem Oberflächenwasser, Kontaktinfektionen von Mensch zu Mensch und Tierkontakt. Eine wesentliche Rolle spielt die direkte Übertragung von Mensch zu Mensch (fäkal-oral). Das ist insbesondere für Familien und Gemeinschaftseinrichtungen (z. B. Kindergärten, Altenheime, Krankenhäuser) epidemiologisch bedeutsam. Bei Kontakt mit Tieren ist auch eine direkte Übertragung vom Tier auf den Menschen möglich. Die Inkubationszeit beträgt meist 1-3 Tage, kann aber auch bis zu 8 Tagen dauern." (S. 350) Zu den Begleitsymptomen neben dem wässrig-blutigen Durchfall gehören Übelkeit und Erbrechen.
Eine andere, besonders häufige Erkrankung (des Dickdarmes) wird durch Parasiten wie Amöbiasis verursacht, einem weltweit verbreiteten Erreger, der bereits südlich der Alpen, aber vor allem in subtropischen und tropischen Gebieten auftritt. Jährlich gibt es etwa 100 000 Todesfälle unter etwa 50 Millionen erkrankten Menschen. „In Mittel- und Nordeuropa sind die aus südlichen Ländern mitgebrachten Infektionen klinisch von Bedeutung." (Carlson / Seidel 2010, S. 387) Nach der Infektion kann es „zur Perforation der Serosa (Darmwand)" kommen. (S. 388)
Besondere Beachtung verdient die Einschätzung von Carlson und Seidel, wonach die Amöbendiagnostik zu den „schwierigsten mikroskopischen Aufgaben" gehört und „angemessene Ausbildung und ausreichende Erfahrung" die Voraussetzungen sind für eine „zuverlässige Identifizierung". (Carlson / Seidel 2010, S. 388)
Viren können bekanntermaßen Krankheitserreger sein: Weil sie sich nicht selbständig vermehren, sind sie „Zellparasiten von Menschen, Tieren, Pflanzen oder auch Bakterien (sogenannte Bakteriophagen). Außerhalb der Wirtszelle haben sie keinen Stoffwechsel. Mit ihrer Vermehrung in den Zellen ist in der Regel die Schädigung der Wirtszelle verbunden." (Botzenhart / Seidel 2010, S. 411) Das Risiko einer Infektion hängt sowohl von der Empfänglichkeit ab als auch davon, „ob diese Viren geeignet sind, nach oraler Aufnahme über den Magen-Darm-Trakt eine Infektion zu verursachen." (S. 411) Auf eine Übertragung einiger Viren von Tieren auf Menschen gibt es Hinweise. Konrad Botzenhart und Michael Seidel haben in einer Tabelle Viren aufge-

führt, die beim Menschen Erkrankungen auslösen, wenn sie oral aufgenommen werden. (Botzenhart / Seidel 2010, S. 412) Nach Ansicht der Weltgesundheitsorganisation (WHO 1993, 2004) sind Viren im Trinkwasser von hoher Bedeutung. (S. 412-413) Besonders das Hepatitis-E-Virus gilt, ebenso wie das Hepatitis-A-Virus, als Ursache trinkwasserbedingter Epidemien. Bei Überschwemmungen oder gebrochenen Abwasserleitungen können sich Hepatitisviren an Schmutzpartikel binden und Desinfektionsmaßnahmen überdauern. (Botzenhart / Seidel 2010, S. 413) Viren, die über das Trinkwasser übertragen werden, „stammen in aller Regel aus menschlichen Ausscheidungen, meistens aus dem Stuhl" und gelangen „über Abwasser, Oberflächenwasser und Übergang ins Trinkwasser nach unzureichender Trinkwasseraufbereitung". (S. 414) Eine Kontaminierung landwirtschaftlicher Erzeugnisse ist über Abwasserverregnung und andere Bewässerungstechniken möglich, welche mit kontaminiertem Wässern arbeiten. (Botzenhart / Seidel 2010, S. 414) Viruskontaminierte Aerosole können bei Verregnung und Abwasserbehandlung entstehen. (S. 415) Natürliche Badegewässer sind gefährdet, wenn Abwasser eingeleitet wird. „Eine weitere bedeutende Quelle für wasserbedingte Hepatitis A und E resultiert aus der Verunreinigung von Schalentieren (z. B. Austern und andere Muscheln), welche durch die Verunreinigung der Gewässer, in denen sie gezüchtet und gesammelt werden, viruskontaminiert wurden." (Botzenhart / Seidel 2010, S. 415) So geschah es 1988 in Schanghai in 292 301 Fällen. (S. 415)

In ungeklärtem Abwasser gibt es hohe Konzentrationen von Viren. Erfolgt eine mehrstufige Abwasserklärung, ergibt sich ein bedeutender Reinigungseffekt, aber es ist „unter Praxisbedingungen stets mit infektiösem Virus im ausgefaulten Schlamm" zu rechnen. (S. 417) Methodisch betrachtet liegen bei „den derzeit verwendeten Virusanreicherungsverfahren ... die Wiederfindungsraten häufig unter 10 %, sind also noch völlig unzureichend. Auch entsprechen die nachgewiesenen Virustypen keineswegs dem Spektrum der in Oberflächengewässern auf Grund des Infektionsgeschehens in der Bevölkerung zu erwartenden Virusarten. Die berichteten Konzentrationen vermehrungsfähiger Viren geben daher mit Sicherheit nicht den vollen Umfang der Belastung der Gewässer wieder." (Botzenhart / Seidel 2010, S. 417)

Bestätigt hat sich, virologisch betrachtet, „die Notwendigkeit eines Schutzzonenkonzeptes für Wasserquellen". (S. 418)

Beim Thema Chemie des Wassers kann der Gesichtspunkt des Werkstoffes hervorgehoben werden, weil das Wasser zwischen Entnahmestelle und Nutzer von Werkstoffen geleitet und begleitet wird. Da sich Wasser und Werkstoff wechselseitig beeinflussen, gibt es die Regelungen in DIN EN ISO 8044, damit die Wassergüte kontrollierbar bleibt. Einen idealen Werkstoff scheint es nicht zu geben, aber es gilt der Grundsatz, dass das Trinkwasser bei Kontakt mit den Werkstoffen in seiner Beschaffenheit nicht oder nicht mehr als technisch unvermeidbar verändert wird.“ (Nissing / Nießner 2010, S. 91) Als Verbundstoff scheint Zement derzeit hervorragend geeignet. Werner Nissing und Reinhard Nießner plädieren dafür, die Innenauskleidung aller Asbestzementrohre mit Kunststoffrohren in Betracht zu ziehen. (S. 94)

Exkurs 1: Legionellen

Es war bis vor wenigen Jahren wissenschaftliche Lehrmeinung, dass man die Bakteriologie des Trinkwassers weitgehend beherrsche, also seuchenhygienisch verstehe. Es war „unwidersprochen, dass es darauf ankam, bestimmte, von außen in Trinkwässer eingetragene, Mikroorganismen zurückzuhalten bzw. wieder aus diesen Wässern zu entfernen, da die autochthone Bakterienflora als seuchenhygienisch nahezu problemlos galt. Heute weiß man jedoch, dass es im Wasser selbst Bakterien gibt, die bei massiver Vermehrung z. T. schwerste gesundheitliche Schäden des Menschen verursachen können, die Legionellen. Legionellen sind Bakterien, die erstmals 1979 ... wissenschaftlich beschrieben worden sind“. (Seidel 1989, S. 51-52) Sie „gelten als natürlicher Bestandteil der Mikroflora des Wassers, nachdem sie in einer Vielzahl von natürlichen, aber auch technisch beeinflußten Wässern weltweit nachgewiesen worden sind ... Es muß daher davon ausgegangen werden, dass Legionellen in allen Süßwässern vorkommen und damit auch in solche wasserführenden Systeme gelangen können. Eine vorherige völlige Entfernung von Legionellen aus Wässern, die später in den hygienetechnisch relevanten Bereichen genutzt werden, ist nicht möglich. (Seidel 1989, S. 53) Legionellen vermehren sich in warmen Wässern sehr gut, und erst „oberhalb 55 °C beginnt eine nachweisbare Inaktivierung“ was hygienetechnisch problematisch bei whirl pools (Warmsprudelbecken) und sogenannten Klimaanlagen ist. (S. 53). Legionellen sind in Modellversuchen gegen Austrocknung, UV-Strahlen, Temperaturen oberhalb von 70 °Celsius und Chlor empfindlich, aber nicht alle Daten können direkt auf Praxisbedingungen übertragen werden. (S. 55)

Die Gesamteinschätzung Seidels dürfte bis heute im Wesentlichen weitergelten. Danach sind Legionellen eine Problematik für wasserbetriebene Systeme, deren Eintrag man nicht verhindern kann, aber deren starke Vermehrung man zu vermeiden suchen sollte. Dies „gilt im Zusammenhang mit aerosolbildenden Systemen und vorrangig für solche Gebäude, in denen sich bevorzugt Risikopersonen aufhalten ... Die Beseitigung des Problemkeims Legionella erfordert im Prinzip weder Komforteinbußen oder gar verminderte Möglichkeiten der Körperhygiene, sondern hygienetechnisch neue Ideen und deren stufenweise Umsetzung in die Praxis sowie die Einführung entsprechender regelmäßiger Wartung der betroffenen Systeme.“ (Seidel.1989, S. 56)

4 Medizinische Abwässer

„Kontaminationen durch Arzneimittel im Trinkwasser" wurden – so Grohmann – 1992 entdeckt, und zwar durch „eine verbesserte Analysentechnik". Sie „sind Grundlage für zukünftige, neue Vermeidungsstrategien." (Grohmann 2010, S. 11) Vermeidung gerät in den Vordergrund, weil kommunale Kläranlagen diesbezüglich so gut wie keine Wirkung zeigen, wie Studien zu Arzneimittelrückständen in Deutschland, Österreich und der Schweiz ergeben haben. Auch abwasserbeeinflusste Flüsse zeigen erhebliche Konzentrationen von Arzneimitteln und deren Rückständen, so dass „eine Verringerung bzw. Vermeidung des Eintrags von Arzneistoffen in die aquatische Umwelt anzustreben" ist, denn die ermittelten Daten liegen in der Nähe einer möglichen „Resistenzbildung von Bakterien, beispielsweise gegen Antibiotika". (Mauer u. a. 2007, S. 134) Es ist zu unterscheiden „zwischen dem Flächeneintrag in die Abwassernetze, der aus der häuslichen Anwendung verschiedener Arzneimittel resultiert, und deutlich höher belasteten Einleitungen bspw. aus Krankenhäusern oder Pflegeheimen ... Aktuelle Ergebnisse deuten darauf hin, dass Krankenhausabwasser deutlich höher mit antibiotikaresistenten Keimen belastet ist als kommunales Abwasser und dass es aufgrund des hohen Selektionsdrucks auch gute Möglichkeiten bietet, Resistenzgene zwischen verschiedenen Bakterien zu übertragen". (Mauer u. a. 2007, S. 134) Mauer und Mitautoren plädieren bereits 2007 für eine Behandlung belasteter Krankenhausabwässer, solange sie fast unverdünnt, das heißt noch nicht mit kommunalem Abwasser vermischt sind. Im Rahmen eines Pilotprojektes des Ministeriums für Umwelt und Naturschutz, Landwirtschaft und Verbraucherschutz des Landes Nordrhein-Westfalen wurde erstmals Krankenhausabwasser separat behandelt. (Mauer u.a. 2007, S. 135) Auch im Rahmen seiner späteren Dissertation, die aus dem Pilotprojekt Kreiskrankenhaus Waldbröl entstanden ist, verweist Christian Mauer auf „Toxizität und Mutagenität" von Rückständen und Keimen: im Laborbereich liegt die Toxizität am höchsten, wobei Röntgenkontrastmittel eine besondere Rolle spielen. (Mauer 2011, S. 44/171-45/171) Jedoch sollten zum Schutz der Oberflächengewässer nicht einzelne Abwasserströme, sondern „das Gesamtabwasser des Krankenhauses gezielt behandelt werden." (S. 45/171)

Ohne die parallelen häuslichen Emissionen (Arzneimittelrückstände) in kommunalen Abwassern, die ebenfalls eine erhebliche Belastung darstellen, aus dem Blickfeld zu verlieren, „zeigt die vorliegende Arbeit, dass aufgrund der vielfältigen Belastungen (Arzneimittelrückstände, multiresistente Keime und Toxizität bzw. Mutagenität eine separate (Vor-) Behandlung des Abwassers aus Krankenhäusern anzustreben ist. Dabei kann das Abwasser durchaus zu einer Qualität aufgearbeitet werden, die eine Direkteinleitung oder Wiedernutzung erlaubt. Im Sinne eines Multibarrierensystems

zum Schutz der Oberflächengewässer ist jedoch eine Indirekteinleitung des gereinigten Abwassers in das öffentliche Kanalnetz einer Direkteinleitung in ein Gewässer vorzuziehen.“ (Mauer 2011, S. 153/171)
Eigentlich sollte diese Erkenntnis nicht überraschen, denn Antibiotika werden bereits seit einem halben Jahrhundert in der Human- und der Veterinärmedizin eingesetzt. „Nach anfänglich durchaus erfolgreicher Behandlung bakterieller Infektionen wurden schon bald viele Bakterienstämme mit Antibiotikaresistenzen festgestellt. Die Ausbreitung resistenter Keime findet nicht nur über Kliniken und durch die Tiermast ... statt. Spätestens seit den Untersuchungen des Umweltbundesamtes 1997 ... ist bekannt, dass aus Klärwerken antibiotikaresistente Keime in die Biosphäre entlassen werden.“ (Bendt u.a. 2002, S. 76) Als „Eintragspfade“ in das Abwasser wurden erkrankte Patienten und landwirtschaftliche Nutztierhaltung identifiziert. Von etwa 10.000 Tonnen in der EU und der Schweiz verbrauchter Antibiotika „entfielen 52% auf die Humanmedizin und 33% auf Therapie und Prophylaxe in der Veterinärmedizin; zusätzlich wurden ca. 15% als antimikrobielle Wachstumsförderer in der landwirtschaftlichen Nutztierhaltung eingesetzt“. (Bendt u.a. 2002, S. 76- 77) Die Keime gelangen über die Gülle in die Biosphäre „oder über die Entsorgung flüssiger Abfälle (Masttierhaltung, Schlachthöfe und fleischverarbeitende Betriebe) in die öffentliche Kanalisation“ (S. 77) Es „kommt mit Sicherheit die Übertragung von Antibiotikaresistenzen der aus Masttieren stammenden Bakterien auf im Menschen lebende Bakterien und in Folge bis ins Abwasser in Frage,“ (Bendt u.a. 2002, S. 77) Die Autoren Bendt, Pehl, Gehrt und Rolfs nennen die von ihnen untersuchten Antibiotika und Bakterien sowie deren Vorkommen. Die Keimbelastungen häuslicher Abwässer übertreffen nach ihrer Ansicht noch die der untersuchten Kliniken und Krankenhäuser. Ebenfalls eine Rolle spielen (in kommunalen Abwassern) industriell geprägte Verursacher. „Sind die antibiotikaresistenten Keime erst einmal in das Gewässer gelangt, so treten die ökologisch-hygienischen Gesichtspunkte in den Oberflächengewässern (Badebetrieb, Trinkwassergewinnung, Fischerei, seuchenhygienische Probleme durch unwirksame Antibiotika) in den Vordergrund.“ (Bendt u.a. 2002, S. 90)
Zu den Autoren, die sich frühzeitig mit den ökologischen Folgen unzureichender Abwasserklärung im Medizinbereich befasst haben, gehören Flöser und 7 Mitautoren (1999). Sie haben sowohl den Gewässerschutz als auch den Betrieb kommunaler Kläranlagen im Blick, wobei unterschiedliche Interessen bezüglich anfallender Kosten nicht identisch sein müssen – ebenso wenig wie die Sichtweisen beteiligter Autoren ihres Sammelbandes. Darin „wird explizit darauf hingewiesen, daß bedeutsame Abwasserteilströme außerdem auch von ambulanten medizinischen Einrichtungen und Funktionsbereichen emittiert werden können. Für dieses Abwasser gelten die gleichen Grundsätze wie sie im vorliegenden Band für Krankenhäuser formuliert

sind. So haben größere Arztpraxen einer bestimmten Spezialdisziplin häufig wesentlich höhere Patientenzahlen zu bewältigen und erzeugen somit auch mehr Abwasser als die analoge Einrichtung innerhalb des Krankenhauses. Beispiele sind radiologische Praxen, Dialysezentren oder labormedizinische Einrichtungen." (Flöser 1999, Vorwort)

Dort überall gibt es nicht nur eine große Vielzahl und Vielfalt an Medikamenten, Stoffen, Chemikalien und Ausscheidungen, sondern „hinzu kommen Verbindungen und Substanzen, die sich aus der Vermischung derartiger Stoffe ergeben." (Nisipeanu 1999, S. 2) Als „Abwasseranfallstellen" identifiziert der Autor unter anderem Kantine und Küche, Wasseraufbereitung, Heizung, Kfz-Waschplatz, Tankstelle, Wäscherei, Bettendesinfektion, Stationen, Gerätesterilisation, Labore, Apotheke, Radiologie, Nuklearmedizin. (S. 3-4) Ebenso wie im privat-häuslichen Bereich fallen Toilettenspülung, Dach- und Straßenentwässerung an und gelangen über die Kanalisation und eine öffentliche Kläranlage in die Gewässer. (S. 5) Peter Nisipeanu erwartet von medizinischen Einrichtungen generell eine separate Abwasserdesinfektion. (S.14) Krankenhausküchen, Labore und Röntgenabteilungen zeigen wegen ihrer Patienten einige abwassertechnische Besonderheiten. Bei einer Mehrzahl von Stoffen, die zu entsorgen sind, wirkt sich eine gemeinsame biologische „Behandlung mit anderen Abwässern in aller Regel nachteilig aus, so daß diese Stoffe grundsätzlich bereits im Teilstrom zu begrenzen sind." (Nisipeanu 1999, S. 16) Besonders gilt dies für Formaldehyd, Nuklearmedizin und Radiologie.

Stefan Gartiser hebt neben anderem die Röntgenkontrastmittel hervor. Sie „sind biologisch schwer abbaubar" und werden in der Kläranlagenpassage nur zu einem geringen Anteil zurückgehalten, gelangen in Oberflächengewässer und sind besonders in Ballungsgebieten ... nachweisbar", wobei Krankenhäuser und niedergelassene Radiologiepraxen für jeweils ungefähr dieselbe Menge verantwortlich sind. (Gartiser 1999, S. 88)

An einem Fallbeispiel zeigt sich die Problematik der Verunreinigung des zur Trinkwassergewinnung benutzten Rohwassers besonders deutlich. Die Belastung der Donau unterhalb von Ulm wurde von Wolfram Seitz, Spezialist für analytische Verfahren zum Bestimmen von Röntgenkontrast-, Arznei- und Pflanzenschutzmitteln, gemeinsam mit Walter Weber, Dirk Flottmann und Wolfgang Schulz untersucht und die Ergebnisse 2004 in der Zeitschrift CLB Chemie in Labor und Biotechnik veröffentlicht. (Seitz u. a., 2004) Die Autoren erinnern daran, dass Arzneimittel im Wasserkreislauf (erst) seit Anfang der 90er Jahre immer stärker Aufmerksamkeit fanden. Jodierte Röntgenkontrastmittel (ein unverdaulicher Farbstoff) „werden in der radiologischen Diagnostik zur gezielten Darstellung von Gefäßen und Organen eingesetzt und in Kliniken sowie von niedergelassenen Ärzten zu ungefähr gleichen Anteilen verab-

reicht. Eine Einzeldosis beträgt hierbei ungefähr 100 Gramm Kontrastmittel". (Seitz u. a. 2004, S. 456) Nach dem Ausscheiden durch die Patienten geraten Kontrastmittel, wie andere Arzneimittelrückstände, über Kläranlagen oder defekte Abwasserleitungen in die aquatische Umwelt. (S. 457) Um über 3 Millionen Menschen zu versorgen, wird Trinkwasser aus Grund- und Oberflächenwasser gewonnen. „Das geförderte Grundwasser bedarf außer einer Transportdesinfektion mittels Chlordioxid in der Regel keiner weiteren Behandlung. Zusätzlich zum Grundwasser wird Oberflächenwasser direkt aus der Donau ... entnommen. Das Rohwasserpumpwerk befindet sich etwa 13 km stromabwärts der Großkläranlage Ulm/Neu-Ulm und ist deshalb trotz aufwändiger Abwasseraufbereitung durch kommunales Abwasser gefährdet. Das Donauwasser wird im Wasserwerk Langenau einer aufwändigen Aufbereitung unterzogen. Die Trinkwassergewinnung erfolgt über ein Multibarrierenverfahren bestehend aus: Vorreinigung (Kompaktflockung), Ozonung, Mehrschicht- sowie Aktivkohlefiltration" (Seitz u. a. 2004, S. 459) Weil die Belastungen der Donau stark schwanken, und zwar zeitweise um das 4- bis 6-fache, ist „eine vergleichende Beurteilung von Fließgewässern durch die Untersuchung sehr weniger Stichproben von nur geringer Aussagekraft". (Seitz u. a. 2004, S. 460)
Veit Flöser hebt zum Thema „Abwasserrelevanz von Krankenhäusern" hervor, das in kleineren und mittleren Kommunen das eigentlich notwendige Spezialwissen fehlt, die Abwassereinleitung und deren Folgen für den Betrieb der Kläranlage und die Entsorgung des Klärschlamms zu beurteilen. (Flöser 1999, S. 55) Auch Flöser vergleicht die Abwasser der Krankenhausküchen mit denen aus Altenheimen, Kantinen und allgemeiner Gastronomie, nennt aber den häufigeren Einsatz von Desinfektionsmitteln. (S. 57) Aus medizinischen und hygienischen Gründen setzen auch andere medizinische Einrichtungen, beispielsweise Arztpraxen, eine große Zahl von chemischen Reinigungs- oder Desinfektionsmitteln ein, deren Umweltrelevanz bedeutsam sein kann (Vgl. Flöser 1999, S. 74) und deren spezifische Problematik erst seit Mitte der neunziger Jahre des 20. Jahrhunderts zu eingehenderen Forschungsarbeiten über die Abwasserbeschaffenheit geführt hat. (Gartiser 1999, S. 78)
Um die große Bandbreite krankenhausspezifischer Abwasserprobleme zu betonen, sei beispielhaft an Krankenhauswäschereien und Labordiagnostik erinnert.
Chemothermische Verfahren „sind in ihrer Wirksamkeit abhängig von der Konzentration eines Reinigungs-/Desinfektionsmittels, der Temperatur und der Einwirkzeit ... Um eine gute Hautverträglichkeit gewaschener Wäsche zu erzielen, müssen Textilien nach dem eigentlichen Wasch- und Desinfektionsprozess ausreichend mit „Frischwasser" von Trinkwasserqualität gespült werden. Die Möglichkeit der Verminderung des Wasserverbrauchs ist dadurch begrenzt." (Tilkes 1999, S. 146)

Unbestritten ist auch der Nutzen medizinischer Labortechnik, einschließlich ihrer Automation. Sie ist heutzutage unabdingbar „z. B. zur Früherkennung und rechtzeitigen Behandlung von Krankheiten, Diagnosestellung und deren Absicherung, prognostischen Beurteilung und Überwachung der Therapie, Vermeidung von Infektionsrisiken (z. B. AIDS, Hepatitis C, Blutgruppen- und Antikörper-Bestimmung)". (Hubner 1999, S. 97) Jedoch „ist seit geraumer Zeit bekannt, daß die Reaktionskonzentrate von Analysatoren aus medizinisch-diagnostischen Routinelaboratorien als hoch ökotoxisch und mutagen einzustufen sind. Ferner zeigen neuere Untersuchungen zum biologischen Abbauverhalten ... daß bei einem Teil der Geräteabläufe die mutagene Wirkung nicht eliminierbar und die biologische Abbaubarkeit der flüssigen Reaktionskonzentrate nur bedingt gegeben ist." (Hubner 1999, S. 116) Neben dem Vorsorgeprinzip und einer ökologischen Bewertung bedarf es, wie Hubner betont, weiterer „Untersuchungen zur Mutagenität, biologischen Abbaubarkeit, Ökotoxizität, Persistenz, Akkumulationsfähigkeit, klärtechnischen Verträglichkeit etc.". Handelt es sich um flüssigen Sondermüll oder darf die Einleitung ins öffentliche Kanalnetz erlaubt sein? (Hubner 1999, S. 116)
Klaus Kümmerer sorgt sich um die „Biologische Abbaubarkeit von Desinfektionsmitteln". Neben ihrer Toxizität wirft ihre Persistenz, das heißt die Lebensdauer, Umweltprobleme auf, weil sich unvollständig oder gar nicht abgebaute Stoffe anreichern, zum Beispiel im Klärschlamm oder an Gewässersedimenten. „Neben dem chemischen und photo-chemischen Abbau sowie der Adsorption ist daher die biologische Abbaubarkeit von in die Umwelt eingetragenen Substanzen von großer Bedeutung für die Elimination dieser Stoffe und damit letztlich auch für die ... Risikoabschätzung." (Kümmerer 1999, S. 118)
Im Rückblick auf einen Wandel der Betrachtungsweisen in den letzten Jahren stellt Tilkes fest, dass Krankenhausabwasser früher ausschließlich bezüglich ihrer Infektiösität beurteilt wurden, während der jetzige Schwerpunkt bei Umwelttoxizität und technischer Toxizität liegt. (Tilkes 1999, S. 134)
Erstaunlicherweise sind erst seit wenigen Jahren „größere Studien zu Vorkommen, Verhalten und Effekten von Tierarzneimitteln in der Umwelt durchgeführt worden, obwohl die Substanzen bereits seit vielen Jahrzehnten eingesetzt werden". (Hamscher 2006, S. 105) Tierarzneimittel gelangen z. B. über Schweine- und Rindergülle, Hühnermist (Wirtschaftsdünger) „in den Boden und dann in das Grundwasser". (S. 105) In höheren Konzentrationen und noch häufiger als im Grundwasser finden sich Tierarzneimittel in Oberflächengewässern. (Hamscher 2006, S. 115) In Aquakulturen gelangen Tierarzneimittel direkt ins Wasser oder über das Futter in die aquatische Umwelt. Aus intensiver Tierhaltung ergeben sich beachtliche Konzentrationen von Antibiotika in Böden, Pflanzen und Grundwasser. (S. 118) Eine Reduzie-

rung des Eintrags von Antibiotika auch aus der Tierhaltung ist dringlich. Sie liegt im Interesse „eines vorbeugenden Verbraucher-, Boden- und Grundwasserschutzes". (Hammscher 2006, S. 118)

Der Einsatz von Tierarzneimitteln in den Tierbeständen ist durch hohe Tiergesundheit reduzierbar. „Dies kann nicht nur durch eine Optimierung von Haltungs- und Managementbedingungen erreicht werden sondern auch durch gezielte Fort- und Weiterbildungsmaßnahmen aller in diesem Bereich tätigen Personen." (Hamscher 2006, S. 119)

Bereits in ihrer Analyse über die Behandlung von Krankenhausabwasser zur gezielten Elimination von Arzneimittelrückständen plädieren Burkhard Teichgräber, Peter Jagemann, Issa Nafo und Sven Lyko für das Vorsorgeprinzip, das heißt, die Vermeidung von Einträgen habe Vorrang vor Maßnahmen in zentralen Kläranlagen. „Eine nachhaltige Auseinandersetzung mit dem Thema erfordert jedoch eine integrative Bewirtschaftungsstrategie, die den gesamten Lebenszyklus der betreffenden Stoffe berücksichtigt. Technische Möglichkeiten stellen hierbei lediglich einen Teilaspekt einer gesamtgesellschaftlichen, interdisziplinären Herausforderung dar." (Teichgräber u. a. 2009, S. 63)

Exkurs 2: Hormone beeinflussen Grundwasserqualität

Unabhängig von der Frage, inwieweit hormonell wirksame Substanzen von Institutionen wie Krankenhäusern, Alten- und Pflegeheimen oder aus dem privaten häuslichen Umfeld in Abwässer und danach in Kläranlagen gelangen, gehören sie anschließend zu problematischen Stoffgruppen bezüglich der Qualität von Grundwasser, aus dem wiederum Trinkwasser gewonnen wird. Im Auftrage der Länderarbeitsgemeinschaft Wasser (LAWA) untersuchten die Deutsche Vereinigung für Wasserwirtschaft, Abwasser und Abfall e. V (DWA) und die Deutsche Vereinigung des Gas- und Wasserfaches e. V. (DVGW) zwischen 1999 und 2004 Einflüsse der Grundwasserqualität durch Klärschlamm, Gülle und Kompost. (DWA Hrsg., 2007) Endokrin wirksame Substanzen gelangen „über die Abwasserreinigung in den Klärschlamm ... Bei der Diskussion über den Einfluss von Chemikalien auf das endokrine System des Menschen stehen Hormone im Mittelpunkt des Interesses. Vermutet wird ein möglicher Zusammenhang zwischen Umweltbelastung durch Estrogene und estrogenartige Substanzen und den zu beobachtenden Häufungen von Fehlbildungen im Bereich des Urogenitaltraktes, der Zunahme von Krebserkrankungen (Hoden, Brustdrüse der Frau) und dem Rückgang der Spermienzahl und der Spermienfunktionalität. Weiterhin wird die Verminderung der Fortpflanzungsfähigkeit und Veränderung bei der Geschlechtsdifferenzierung von Tieren (z. B. bei Amphibien, Reptilien und Fischen) auf die exogenen Estrogene zurückgeführt. Vor diesem Hintergrund ist es wichtig, eine Gefährdungsabschätzung für die menschliche und tierische Population zu treffen. Die Kläranlagen gehören zweifelsfrei zu dem wichtigsten Eintragspfad der endokrinen Stoffe in die Natur." (DWA (Hrsg.), 2007, S. 10) Estrogene sind natürliche oder synthetisch hergestellte Stoffe mit Wirkung auf das endokrine System. Zu ihnen gehören beispielsweise orale Kontrazeptiva. In die Umwelt gelangen Estrogene durch menschliche und tierische Ausscheidungen. „Neben der Synthese im Organismus werden dem Menschen zusätzlich natürliche Estrogene als Pharmaka, u. a. bei Beschwerden im Klimakterium zugeführt. In Deutschland sind dies über 1000 Millionen verordnete Tagesdosen. Dazu kommen ca. 370 Millionen verordnete Tagesdosen Kontrazeptiva." (DWA (Hrsg.), 2007, S. 11, nach Arzneimittelreport 2000) Gesammeltes Abwasser transportiert die Estrogene zu den Kläranlagen, und diese sind die „Haupteintragsquelle für Gewässer", wie die einschlägige Fachliteratur berichtet. (S. 12) Dadurch sind aquatische Lebewesen in Oberflächengewässern gefährdet. Aber „auch durch Sickerwässer aus Deponien, Gülle und bei der landwirtschaftlichen Verwertung von Klärschlamm ist ein Eintrag in die Umwelt möglich." (DWA (Hrsg.), 2007, S. 12, nach Weltin u.a. 2000) Stetig und weltweit gelangen Estrogene und Kontrazeptiva in Kläranlagen. „Natürliche und synthetische Estrogene wurden auch in Klärschlämmen, Oberflächengewässern, Grund- und Trinkwasser, Gülle und Seesedimenten nachgewiesen. Untersuchungen zu Estrogengehalten im Boden, z. B. von landwirtschaftlich genutzten Flächen die mit Klärschlamm beaufschlagt werden, sind nicht bekannt." (DWA (Hrsg.), 2007, S. 12) Auch bei „vermeintlich geringen Befunden" gibt es keine „Entwarnung bezüglich des ökotoxikologischen Risikos", weil bereits geringe Konzentrationen zu Veränderungen des Reproduktionsverhaltens bei Fischen, auch zu deren Feminisierungen führen. (S. 13) „Je nach Klärschlammverwertungsform kann es zum erneuten Eintrag von Estrogenen kommen. Durch die Aufbringung von Klärschlamm auf landwirtschaftlich genutzte Böden kann ein Übergang in die Nahrungskette (in landwirtschaftliche Produkte und über das Grundwasser ins Trinkwasser) derzeit nicht ausgeschlossen werden." (DWA (Hrsg.), 2007, S. 17, nach Kalbfus 1998) In der von Sabine Kunst geleiteten Studie wird außerdem berichtet: „Die nur wenigen bisher durchgeführten Abschätzungen zur Estrogenexposition berücksichtigen fast ausschließlich die Einnahme oraler Kontrazeptiva, nicht jedoch die therapeutisch verabreichten estrogenhaltigen Humanpharmaka." (DWA (Hrsg,), 2007, S. 18-19) Die für die zitierte Studie ausgewählten Estrogene (und deren Abbau- und Adsorptionsverhalten) finden dort auf Seite 85 Erwähnung. Weiterer Forschungsbedarf wird ausdrücklich zu mikrobiologischen und chemischingenieurwissenschaftlichen Fragestellungen angemeldet. (S. 86)

Um die „Elimination hormonell wirksamer Substanzen und Arzneimittel aus dem Abwasser mit weitergehender Verfahrenstechnik" geht es den Autoren Corinna Schra-

der, Jörg Krampe, Bertram Kuch und Ulrich Rott. Neben industriellen Abwässern sind auch „die Zuläufe von kommunalen Kläranlagen teils stark belastet. Durch verbleibende Restkonzentrationen in den Kläranlagenabläufen gelangen die organischen Spurenstoffe dann in die Oberflächengewässer." (Schrader u. a. 2006, S. 4/1) Über die Trinkwassergewinnung gelangen riskante organische Spurenstoffe wieder in den menschlichen Körper, wo sie zu Störungen von Drüsenfunktionen beitragen können oder diese verursachen. Während des Abwasserreinigungsprozesses wird ein großer Anteil der organischen Spurenstoffe aus der Wasserphase eliminiert. Doch auch die verbleibenden Restkonzentrationen können nachweislich ernstzunehmende Auswirkungen auf das endokrine System von Lebewesen haben, weshalb eine möglichst vollständige Entfernung in Kläranlagen verstärkt in den Blickpunkt des allgemeinen Gewässerschutzes rückt." Außerdem verbleiben „sehr hohe" Konzentrationen dieser riskanten organischen Spurenstoffe im Klärschlamm. (Schrader u. a. 2006, S. 4/1) Verschiedene Abwasserreinigungstechniken wurden im Lehr- und Forschungsklärwerk der Universität Stuttgart auf ihr Eliminationsverhalten getestet. Einfluss auf die Elimination zeigte dabei das Schlammalter, wie bereits Untersuchungen in Österreich gezeigt hatten. Verschiedene Substanzen zeigten ein „Grenzschlammalter", unterhalb dessen „keine nennenswerte Entfernung der Stoffe stattfand." (S. 4/3)
Zu den besonders häufig verordneten Medikamenten gehört laut Arzneiverordnungsreport das Antirheumamittel Ibuprofen (im Jahre 2001 344,9 t in Deutschland). (S. 4/5 unter Verweis auf Schwabe / Paffrath (Hrsg.) 2006)
Verfahren der biologischen Abwasserreinigung können Konzentrationen riskanter organischer Spurenstoffe reduzieren, „dennoch ist die aquatische Umwelt durch die noch vorhandene Restbelastung der Kläranlagenabläufe gefährdet." (Schrader u. a. 2006, S. 4/12)

Exkurs 3: Radioaktivität im Trinkwasser
„Die Radioaktivität von Stoffen wie auch die vom Wasser besteht in der Aussendung von Strahlung, die beim Zerfall radioaktiver Substanzen entsteht. ... Die künstliche Radioaktivität ist schädlich, soweit sie durch „Kontamination" (radioaktive Versuchung durch Abwässer oder Luft der Kernkraftwerke) bedingt ist." (Höll 1986, S. 165) Karl Höll bezeichnete die natürliche Radioaktivität als unschädlich, weil sie eine kurze Lebensdauer („Halbwertzeit") von wenigen Stunden oder Tagen hat. (S. 166) Für die Analyse und Beurteilung von Trinkwasser verweist Karl Höll auf einen wichtigen Unterschied zwischen natürlicher und künstlicher Radioaktivität: „Das Strontium-Isotop Strontium-90, das eines der gefährlichsten radioaktiven Isotope ist, hat mit dem normalen Strontium, das in Mineralwässern und Heilquellen vorkommt, nichts zu tun. Derartige Fragen werden heutzutage immer wieder an den Quellenfachmann

von Laienseite herangetragen. Das Strontium-90 spielt eine große Rolle bei der Kontamination der Vorflut mit Abwässern von Kernenergie-Anlagen und bei der Dekontamination dieser Abwässer." (Höll 1986, S. 166)
Je nach hydrogeologischer Situation enthält Wasser, das aus dem Boden kommt, natürliche Radionuklide. Spätere Studien belegen, „dass bei Einnahme von Wasser mit hohem Gehalt an Uran Nierenschädigungen auftreten können." (Evers 2009, S. 35)
Dekontamination ist „die Entfernung radioaktiver Elemente aus kontaminierten Gegenständen und Wasser". (Höll 1986, S. 171) Höll rechnete mit „einer großen Zahl von Radionukliden im Wasser", die man mit chemischen Methoden nicht, „sondern nur auf Grund ihrer Strahlung" erfassen kann. (Höll 1986, S. 167) Die Problematik ist nicht neu: schon 1958 publizierte K. Haberer darüber in der „Schriftenreihe des Bundesministers für Atomkernenergie und Wasserwirtschaft", dessen Amtstitel eine aus heutiger Sicht bemerkenswerte Prioritätensetzung andeutet. Auf kommunaler Ebene wurde in den sechziger Jahren versucht, radioaktive Spaltprodukte in Filtern aufzufangen, um Wasser zu dekontaminieren. (Höll 1986, S. 172) Die Internationale Kommission für Strahlenschutz bemühte sich bereits 1959 um „maximal zulässige Grenzkonzentration (MZK) für Trinkwasser". Nach Ansicht Hölls bestand die „einfachste Dekontaminierung" im „Stehenlassen des kontaminierten Wassers in Behältern, da manche Nuklide in ihrer Wirkung bald abklingen, wie z. B. Iod-131 in 7,7 Tagen, Ruthenium-103 in 40 Tagen. Das gefährliche Strontium-90 hat eine besonders lange Halbwertzeit" (S. 173), Plutonium -239 sogar von 24 500 Jahren. (Höll 1986, S. 166)
Vor 1986 wurde in Deutschland häufig vermutet, das Trinkwasser sei – anders als Atemluft und Lebensmittel – weitgehend geschützt vor radioaktiver Kontamination. Deshalb hatten „die Wasserversorgungsunternehmen keine Verpflichtung zur laufenden Radioaktivitätsüberwachung". Selbst im Verdachtsfall mussten sie sich an die amtlichen Messstellen wenden. (Quentin 1988, S. 314) Mögliche radioaktive Belastungen des Trinkwassers erwarteten die Bundesbehörden jahrelang nicht durch medizinische Einrichtungen als Verursacher, sondern infolge denkbarer nuklearer Katastrophen. Susanne Lücke erinnert an eine Studie im Auftrage des Bundesministeriums des Innern, Arbeitsgruppe Trinkwasser, die 1971 eine Strahlenkontamination des Grundwassers erst Wochen nach einer Nuklearkatastrophe erwartete. Nach dem Reaktorunfall in Tschernobyl 1986 zeigte sich dann das Regenwasser (in Bayern) am schnellsten kontaminiert. (Lücke 1993, S. 44-46)
Laut Zwischenbericht der Strahlenschutzkommission vom September 1986 waren 1986 in Bund und Ländern 44 Leit- und Meßstellen „sowie sonstige Messstellen für

die Überwachung der Radioaktivität eingesetzt ... auch die Zahl der Probenentnahmestellen wurde erhöht, z. B. in Bayern auf 94 ..."

Der Tschernobylunfall brachte einer Öffentlichkeit die Einsicht in Erinnerung, dass die Umweltradioaktivität nicht länger weitgehend auf Atomwaffenversuche in der Atmosphäre zurückzuführen und auch die Trinkwasserversorgung betroffen war. Bereits Jahre zuvor hatte der Versuch einer friedlichen Nutzung der Atomkraft (Bau von stromerzeugenden Kernreaktoren) Meßmethoden für Radionuklide im Wasser, einschließlich Trinkwasser erfordert. Jedoch die „EG-Trinkwasserrichtlinie erwähnt die Radioaktivität überhaupt nicht" berichtete Karl-Ernst Quentin noch 1988. (Quentin 1988, S. 314) In den neunziger Jahren änderte sich die Situation: Aufgrund einer Entschließung des Europäischen Parlaments (1995) änderte die EU-Kommission (1997) ihren Vorschlag für eine neue Trinkwasserrichtlinie, in die ein „Parameterwert für Radioaktivität aufgenommen" wurde. (Trogemann 2000, S. 141)

Die deutsche Trinkwasser-Verordnung von 1975 wurde bereits 1986 bezüglich radioaktiver Stoffe etwas verschärft: „Radioaktive Stoffe dürfen nunmehr im Trinkwasser nicht in Konzentrationen enthalten sein, die geeignet sind, die menschliche Gesundheit zu schädigen." (Quentin 1988, S. 315) Gemäß amtlicher Begründung zur Verordnung von 1986 muß „diese Eignung nach dem Stand der wissenschaftlichen Erkenntnisse, von dem auszugehen sei, ausreichend belegt werden" ... und „nicht jede Außenseitermeinung (kann) als ausreichende Grundlage angesehen werden". (S. 315) Im Übrigen haben „sich die früher üblichen Einheiten für radiologische Größen durch das Gesetz über Einheiten im Meßwesen geändert" (S. 315)

Aktuelle Probleme des Trinkwasserschutzes ergeben sich aus Atomkraftwerken, Nuklearmedizin und Radiologie, soweit sie Abwässer und deren Wiederaufbereitung zu kontaminieren drohen. „Denn deren besonderes Schadstoffpotential kann durch mechanische, biologische und chemische Behandlungsverfahren nicht eliminiert werden." (Nisipeanu 1999, S. 17)

Strontium-90 löst Krebs aus. „Trinkwasser enthält nur geringe Mengen Strontium, es sei denn, dass Strontium aus Ablagerungen von Kohlenasche oder Asche aus Müllverbrennungsanlagen in das Grundwasser gelangt. (Evers 2009, S. 34)

## 5 Industrielle Abwässer

Bei der Analyse von ökologischen Folgen des Betriebs von Atomkraftwerken stellt sich nicht nur die oben erwähnte Belastung des Abwassers, das heißt auch der Oberflächengewässer heraus, sondern weitere Risiken, die häufig zu wenig Beachtung finden: „die biologischen und hygienischen Gefahren der Erwärmung unserer Gewässer durch die Kühlwässer von Atomkraftwerken ... vor allem die durch die Wasserbakterien und Blaualgen abgeschiedenen Giftstoffe", die „eine zunehmend gefährliche Rolle für die Trinkwasserversorgung spielen. (Geleitwort des Atomphysikers Karl Blechert. Höll 1978)

Eine weitere Alltagsrelevanz der wasserhygienischen Zusammenhänge zwischen Industrialisierung und gesundheitlichen Risiken zeigt sich besonders deutlich am Beispiel der cancerogenen Stoffe im Umfeld von Mineralöl. Karl Höll verwies 1986 auf die grundlegenden Arbeiten von J. Borneff (Arch. f. Hyg. 1959-1963), in denen berichtet wurde, dass solche Cancerogene im Grundwasser und im Oberflächenwasser vorkommen. „J. Borneff hat diese Stoffe bei Stichproben überall im Wasser gefunden und hat sie auch in größeren Mengen in Filtermaterialien (Filterkies, Aktivkohle) nachgewiesen ebenso wie im Schlamm von Gewässern. Die genannten cancerogenen Stoffe sind u. a. in Mineralölen aller Art, in Kraftstoffen, Treibstoffen wie Dieselöl, Kerosin (Flugzeugtreibstoff) sowie in Heizölen enthalten." (Höll 1986, S. 110) Diese Stoffe gelangen in das Grundwasser. Regenwasser verbindet sich „mit dem Aerosol dicht besiedelter Gebiete und Industriegebiete. Autoabgase, Motorenabgase, besonders auch Abgase von Heizöl-Anlagen sowie Feuerungs- und Diesel-Ruß und Staub enthalten nämlich die genannten Cancerogene; sie gelangen auch mit verschiedenen Industrie-Abwässern (von Erdöl-Industriebetrieben, Kokereien, chemischen Betrieben, Dachpappenfabriken) in die Gewässer und in das Grundwasser ... Auch Regenwasserabläufe von Teerstraßen und Flächen mit Bitumenanstrichen bringen Cancerogene ins Trinkwasser ... Mit der Zunahme des Kraftfahrzeugverkehrs hat auch der Abrieb von Autoreifen ... zugenommen. An Verkehrsknotenpunkten und Autobahnzubringern ist eine Grundwasser-Gefährdung gegeben." (Höll 1986, S. 110) Selbst bei „verschmutzten Flussläufen, wie Rhein, Main, Mosel, muß man wegen der Abwasserbelastung immer mit größeren Mengen an Cancerogenen rechnen." (S. 110) Deshalb erscheint das Verbot des Waschens von Kraftwagen an Gewässern plausibel. (S. 112)

Als technisches Regelwerk ohne Verweis auf die gesundheitlichen Schadpotenziale war das Merkblatt „Mineralölhaltiges Abwasser aus Kfz-Werkstätten, Waschanlagen und Tankstellen" verfasst. (Landesamt für Wasser und Abfall Nordrhein-Westfalen, 1992) Darin wird der Begriff Abwasser „umfassend verstanden, d. h. es sind Hinweise zur Entsorgung des Niederschlagswassers ebenso enthalten wie solche zur Entsorgung des betrieblichen Abwassers ... Dem Planer und Betreiber von Anlagen zur Instandhaltung, Entkonservierung, Reinigung und Betankung von Landfahrzeugen sowie den Fachdienststellen und Wasserbehörden werden Hinweise zum Abwasseranfall und zur Abwasservermeidung sowie technische Lösungen zur innerbetrieblichen Abwasserführung und zur Abwasserbehandlung an die Hand gegeben." (Landesamt für Wasser und Abfall ... (Hrsg.), 1992, S. 5-6) Von aktualisierten Merkblättern unter Berücksichtigung der aktuellen Rechtslage ist auszugehen, dennoch ent-

hält das Merkblatt bereits in musterhafter Weise Hinweise auf die Genehmigungspflicht von Abwasserbehandlungsanlagen (S. 13) und eine grundsätzliche Erläuterung Kommunaler Entwässerungssatzungen. Diese „richtet sich unmittelbar an den Einleiter in die örtliche Kanalisation; die Satzung hat u. a. die Aufgabe, den Bestand und die Funktion der Abwasseranlagen zu sichern. Beispielsweise können ... Grenzwerte für die Einleitung von Stoffen festgesetzt werden, wenn diese Stoffe die Kanalwände schädigen, die Reinigungs- und Inspektionsarbeiten in den Kanälen behindern, die Reinigungsleistung der Kläranlage beeinträchtigen oder die Klärschlammverwertung erschweren." (S. 14) Um die (umwelthygienischen) Belastungen der Abwässer zu verringern, werden Vermeidungsmaßnahmen zur Entstehung und Entsorgung aufgeführt. (S. 42 ff.) Immerhin belief sich nach damaligem Stand der geschätzte Abwasseranfall allein bei einer Fahrzeugoberwäsche auf theoretisch maximal 1000 Liter pro Stunde und Waschplatz, realistisch 600 Liter. (S. 45) Zum Thema Vermeidung gehört in diesem Zusammenhang der Vorschlag, beim Um- oder Neubau einer Tankstelle auf Leistungsangebote zu verzichten, beispielsweise Motorwäsche, weil dadurch die Abwasserentsorgung verbesserungsfähig ist. (S. 62) Als Abfälle oder Reststoffe fallen bei Wartung und Instandhaltung von Fahrzeugen an: Akkusäure, Altöl, Bremsflüssigkeit, Kühlerflüssigkeit, Lösemittelgemisch und Verdünner. Bei der Abwasserreinigung geht es um Schlamm aus Emulsionsspaltanlagen, sonstige Öl-Wassergemische, Sandfangrückstände, Öl- und Benzinabscheiderinhalte, Schlamm aus Öltrennanlagen und Waschbenzin. (S. 58-61)
Hans Rüffer, Rosemarie Karger und Harald Horn thematisieren die Abwasserreinigung zum Schutze der Gewässer und ihrer Nutzbarkeit anhand von Beispielen aus der Lebensmittelindustrie. Im Mittelpunkt steht dabei der Schutz der Kläranlagen vor Schadstoffen, indem Industrieabwasser möglichst bereits vor der Einleitung als Abwasser gereinigt wird. Die Grundidee ist dabei offensichtlich das Vermeidungsprinzip, ergänzt durch umweltgerechte Behandlung unvermeidbarer Abwässer. „Hierbei spielen Fragen der Abwassertrennung, der Abwasserteilstrombehandlung mit Werkstoffrückgewinnung, der Erhöhung biologischer Abbaubarkeit organischer Problemstoffe sowie der Abwasserschlussreinigung eine große Rolle, um letztlich den Erfordernissen für die Direkt- oder Indirekteinleitung entsprechen zu können". (Rüffer u. a. 2010, S. 973) Es ist das Ziel, „umweltverträgliche Stoffströme durchzusetzen". (S. 973) Abwasser der Lebensmittelindustrie und Kommunalabwasser ähneln sich bezüglich der organischen Belastung. (S. 972) Die Lebensmittelindustrie verbraucht viel Frischwasser. „Das Wasser wird als Rohstoff (Produktwasser), als Transportmittel (Schwemmwasser), als Hilfsstoff (Kühlwasser, Lösungsmittel, Waschwasser, Energieträger, Löschwasser) sowie als Wasser für den menschlichen Gebrauch (Trinkwasser) im Sanitärbereich eingesetzt. Unter Berücksichtigung der Abwasserinhalts-

stoffe, der Anforderungen an den Gewässerschutz sowie wirtschaftlicher Aspekte sind geeignete Verfahren zur Abwasserreinigung auszuwählen. Dazu stehen zahlreiche mechanische, physikalische, physikalisch-chemische und biologische Verfahrensstufen zur Verfügung.“ (Rüffer u. a. 2010, S. 972) Sowohl produktbezogener Umweltschutz als auch produktionsintegrierter Umweltschutz wird von den Autoren für die fleischverarbeitende Industrie, die Milchverarbeitung, Brauereien und die Textilindustrie thematisiert. Die Betriebe der fleischverarbeitenden Industrie zerlegen und verarbeiten überwiegend Schweine, Rinder, Kälber, Schafe und hinzuzufügen sind Geflügel. „Das Abwasser fällt als Reinigungswasser, Brüh- und Kochwasser, Kühlwasser, Salzlake sowie als Abwasser aus dem Sanitärbereich an.“ (Rüffer u. a. 2010, S. 974) Vor der Einleitung in eine kommunale Kläranlage werden Abwasser aus fleischverarbeitenden Betrieben „in der Regel vorbehandelt“. (S. 975) Die Produktpalette der milchverarbeitenden Industrie umfasst außer Milch auch Produkte wie Butter, Sahne, Joghurt, Quark, Kondensmilch sowie Molke- und Milchpulver. Molkereiabwasser fällt fast ausschließlich an, wenn Produktions- und Transportanlagen gereinigt werden. „Mehr als 90 % der Verschmutzung des Abwassers bestehen aus Milch- und Produktresten, somit aus im Prinzip verkäuflichen Produkten. (Rüffer u. a. 2010, S. 977) Das Abwasser der Brauereien bedarf „gewisser Vorbehandlungen, bevor es in die öffentliche Kanalisation eingeleitet werden darf.“ S. 979)

Wieso gilt dieses Prinzip nicht für alle?

In der „Kartoffelveredelungsindustrie“, wie sie Werner Scheffel beschreibt, scheinen Vermeidungsprinzip und Verursacherprinzip teilweise wirksam zu sein. Unabhängig davon zählt der Autor n i c h t zur Kartoffelveredelungsindustrie: Kartoffelstärkebetriebe, Brennereien (Alkoholherstellung) und Futtermittelwerke. (Scheffel 2000, S. 155) Die wirtschaftliche Stärke und die Bandbreite dieser Industrie sind durchaus beachtlich. Neben dem Rohstoff Kartoffel „wird Trinkwasser als Hilfsstoff zum Blanchieren, Kühlen sowie zur Fertigung von Kartoffelteigen eingesetzt. Zum Waschen und Kartoffeltransport wird Kreislaufwasser benutzt.“ (S. 156) Zutaten sind Fette und Öle; es werden verschiedene Stabilisatoren und Antioxidationsmittel verwendet. (S. 156) Produktionsabwässer „sollten“ … einer mehr oder weniger weitgehenden Vorbehandlung unterzogen werden, damit sowohl die Abwassermenge als auch die Schmutzfracht verringert werden. „Die Art und der Umfang der Vorbehandlung richtet sich nach den Bedingungen der Ortssatzung für die kommunale Kläranlage. In jedem Fall ist das Ziel eine Minimierung der Abwasserkosten.“ (Scheffel 2000, S. 165) Die organischen Inhaltsstoffe des Abwassers in der Kartoffelveredelungsindustrie sind biologisch gut abbaubar, aber im zeitlichen Ablauf zeigen sich schwankende Belastungen, Betriebstemperatur und Schmutzkonzentrationen. Trotzdem „ist es ohne weiteres möglich, die hochkonzentrierten Abwässer … durch Einsatz von biologischen

Verfahren zu reinigen.“ (S. 167) Der Überschußschlamm ist als Nährstoff in der Landwirtschaft geeignet. (S. 168)

Der Reinigung von Abwasser aus der Kartoffelchip-Produktion widmete sich ein von der Kommission der Europäischen Gemeinschaften begleitetes Projekt mit dem Ziel, „das organisch hochbelastete Produktionsabwasser aus der Kartoffelverarbeitung in einer großtechnischen Betriebskläranlage vollbiologisch zu reinigen“, um wesentliche Einsparungen zu erzielen. (Kommission ... 1993, S. 5) Eine Nutzung überschüssiger Wärmeenergie, Wiederverwertung von Biogas und Reduzierung des Bedarfs an Energie sollten technisch und organisatorisch in der Betriebskläranlage möglich sein.

Wie bereits bei der Kartoffelveredelungsindustrie erwähnt, zeigt auch die Textilindustrie in einem jeweiligen Betrieb „zeitlich große Variationen in der Abwasserzusammensetzung“. (S. 980) Die Abwässer sind eine Mischung aus organischen und anorganischen Stoffen. Die innerbetriebliche Abwasserreinigung erfolgt durch Kombinationen von physikalisch-chemischen und biologischen Reinigungsverfahren. (Rüffer u. a. 2010, S. 982)

Auf den zunehmenden Bedeutungsgewinn von „Verfahrenskombinationen, die auf die Bedürfnisse des Abwassers zugeschnitten sind, verwies bereits Tanja Engelhardt in ihrer Dissertation. Hoch belastete Abwässer fallen in „Industrie, Gewerbe und Haushalten“ an. „Die Reinigung dieser Abwässer in chemisch-mechanischen und biologischen Anlagen erweist sich dabei häufig als nicht ausreichend. So wird durch eine Vielzahl von Wasserinhaltsstoffen ... aufgrund ihrer oft hemmenden oder toxischen Wirkung auf Mikroorganismen die Reinigungsleistung biologischer Anlagen erheblich herabgesetzt bzw. ein Abbau unmöglich.“ (Engelhardt 1999, S. 3) Derartig belastete Abwässer „erfordern daher vor ihrer Einleitung in herkömmliche Kläranlagen eine entsprechende physikalische, chemische oder physikochemische Vorbehandlung. Zur Vermeidung und zur Aufbereitung dieser Abwässer verstärkte sich im industriellen Bereich mit verschärften gesetzlichen Vorschriften und Auflagen der Trend zu produktionsintegrierten Reinigungsmaßnahmen bis hin zur Rezyklierung des Wassers und zur möglichen Rückgewinnung der Schad- bzw. Wertstoffe.“ (S. 3)

## 6 Landwirtschaft

Anhand zweier Beispiele von Trinkwasseranalysen in der Landwirtschaft hat seinerzeit Karl Höll gezeigt, welche Probleme auftauchen können und welche Lösungsmöglichkeiten zu erkennen gewesen sind.

Bei der Durchführung einer sogenannten Kleinen Trinkwasseranalyse ging es um „Kesselbrunnen, die durch Kuhstalljauche stark verunreinigt sind“. Das Wasser war nachweislich von einem Kuhstall beeinflusst, der ungefähr 15 Meter entfernt lag. Die Verunreinigung war so groß, dass „das Wasser des zu reinigenden Brunnens nur in abgekochtem Zustande genossen werden (10 Minuten kochen)" durfte, wobei die sofortige Verlegung des Brunnens unvermeidlich war. (Höll 1986, S. 113) Die Analyse zeigte folgende Verunreinigungen: ein hoher „Gehalt an Stickstoffverbindungen (Ammonium-, Nitrit- und Nitratstickstoff), an organischen Stoffen sowie an Phosphat- und Chlorid-Ion". (S. 113)

Hölls zweites Beispiel betraf „Wasser von einem unverdächtigen Bohrbrunnen". Zwar zeigte die wasserhygienische Analyse, dass „das Wasser in gesundheitlicher Beziehung als einwandfrei zu bezeichnen" war, weil „der bakteriologische Befund ebenfalls günstig" erschien, aber der hohe Eisengehalt und die hohe Härte machten „das Wasser als Brauch- und Wirtschaftswasser ... ungeeignet, z. B. ist es zum Bereiten von Speisen (Hülsenfrüchten u. a.) und Getränken (Tee, Kakao) sehr ungünstig; zum Wäschewaschen ist es wegen der hohen Härte (hoher Seifenverbrauch) und wegen des hohen Eisen- und Mangangehalts (Fleckenbildung) unbrauchbar. Wenn keine andere Wasserversorgungsmöglichkeit besteht, wäre eine Enthärtung und Enteisenung jedoch durch die handelsüblichen Kleinfilter durchführbar." Höll 1986, S. 114)

Auf dem Hintergrund des Zieles der Wasserrahmenrichtlinie (Richtlinie 2000/60EG des Europäischen Parlaments und des Rates zur Schaffung eines Ordnungsrahmens für Maßnahmen der Gemeinschaft im Bereich der Wasserpolitik), innerhalb von 15 Jahren sowohl im Grundwasser als auch in den Oberflächengewässern eine gute Qualität des Wassers zu erreichen, das heißt den Gewässer- und Bodenschutz zu verbessern, entstand der Bericht der Länderarbeitsgemeinschaft Wasser über nachhaltige Landwirtschaft. (Länderarbeitsgemeinschaft Wasser (LAWA) (Hrsg.), 2002, S. 3) Dieses Ziel termingerecht zu erreichen, wird „in vielen Fällen nur bei Änderung der gegenwärtigen landwirtschaftlichen Praxis möglich sein", denn 72 % der Stickstoff- und 66 % der Phosphateinträge Deutschlands in Oberflächengewässer erfolgen diffus, wovon weit über zwei Drittel „der landwirtschaftlichen Bodennutzung zuzuordnen sind." (S. 4) Im Bericht wird unter anderem als notwendig erachtet: „Rückbau ausgebauter Fließgewässer im Rahmen von Renaturierungsmaßnahmen", „Beseitigung, Rückverlegung oder Erniedrigung von Deichen ...", „Umwandlung von ... Flächen in Grünland, Wald oder Ödland", „Flächendeckende Einrichtung von Gewässerrandstreifen von mindestens 10 m", „stärkere Einbindung von Flurneuordnungsverfahren für Ziele des Gewässerschutzes, wie z. B. Zweckflurbereinigungsverfahren mit dem Hauptziel der Schaffung von Uferrandstreifen", „Vermeidung von Schadstoffanreicherungen in Böden ...", „weitergehende Begrenzung des Schwermetalleintrags in Böden ... durch Einführung entsprechender Obergrenzen für Schwermetallgehalte in mineralischen Düngemitteln ...", „deutliche Verringerung der Bodenverdichtungen" sowie andere Forderungen. (Länderarbeitsgemeinschaft Wasser (LAWA) (Hrsg.), 2002, S. 4-7)

Im historischen Rückblick bilanziert das LAWA-Papier die Mehrzahl von ökologischen bzw. fachspezifischen Erkenntnissen und Forderungen der letzten Jahrzehnte. Dazu gehören neben vielen anderen Veröffentlichungen die Texte „Nitratbelastung des Trinkwassers. Reaktionsweisen der Wasserversorgungsunternehmen (Hellekes / Perdelwitz 1986), die Dissertation über „Human- und kultur- ökologische Ansätze zur Umweltforschung ... " mit dem Schwerpunkt Nitratbelastung und Gülleregulierung (Teherani-Krönner 1992), eine Studie über den „Eintrag von Pflanzenschutzmitteln in Oberflächengewässer ... " (Schüle 2002), „Landwirtschaft und Trinkwasserqualität" (Toussaint 1989), „Auf der Suche nach der umweltgerechten Landwirtschaft. Verflechtungen von Land- und Wasserwirtschaft" (Normann-Schmidt 1995) und „Pflanzenschutzmittel im Trinkwasser" (DFG Deutsche Forschungsgemeinschaft (Hrsg.), 1990).

Eine Vielzahl von Veröffentlichungen in den letzten Jahrzehnten spiegelt ein gewachsenes Problembewusstsein gegenüber umweltökologischen Fragen im Zusammenhang mit intensiver Landwirtschaft. Beispielsweise betonen Gerhard Breitschuh und Hans Eckert – wie andere Autoren – dass zwischen wirtschaftlichen, sozialen und ökologischen Interessen abzuwägen ist und eine nachhaltige Landwirtschaft akzeptiert, dass es Grenzen der Belastung gibt. (Breitschuh / Eckert 2008, S. 62) „Die notwendige Breitenwirkung des Nachhaltigkeitsprinzips erwächst nur aus der Konkretisierung. Nachhaltigkeit muss erfassbar und sichtbar, d.h. operationalisierbar sein, um Mängel erkennen und Strategien zur Überwindung nicht-nachhaltiger Prozesse finden zu können. Erst wenn der einzelne Betriebsleiter weiß, wie sich Nachhaltigkeit für seinen Betrieb und seine spezifische Situation definiert, und mehr noch, wenn er weiß, was im Interesse einer nachhaltigen Entwicklung nicht mehr gemacht werden darf, können Fehlentwicklungen erkannt, Zielkonflikte analysiert und Fähigkeiten entwickelt werden, regulierend einzugreifen." (S. 62)

## 7 Konsequenzen

Zu den internationalen Wasserproblemen, die dringend abgearbeitet werden müssten, gehören die Wasserverluste im öffentlichen Trinkwassernetz. „Wir können davon ausgehen, dass wir weltweit etwa 30% unseres sauberen Trinkwassers durch Leckagen in den Versorgungsleitungen verlieren. Dass es auch anders möglich ist, zeigt Deutschland – ein wasserreiches Land, in dem nur 6,8 % Wasserverluste auftreten." (Huber 2009, S. 4/2) In Bulgarien sind es laut EU-Kommission 50 %, Spanien 22 %, Dänemark 10%. Beispielhaft erscheint auch eine Verringerung des Wasserverbrauchs bei der Papier- und Pappeherstellung in Deutschland zwischen 1900 und 1995: von einer vierzigfachen Abnahme wird berichtet. (Huber 2009, S. 4/5) Die Landwirtschaft wird einen steigenden Verbrauch zeigen, obwohl sie in den meisten

Fällen Oberflächenwasser, Regenwasser und in zunehmendem Maße aufbereitetes Abwasser“ einsetzt. (S. 4/4) Zur Steigerung der Effizienz können kleine Wasserkreisläufe beitragen, das heißt Wasserwiederverwendung. (S. 4/6) Hans G. Huber verweist darauf, dass Wiederverwendung gerade in den arabischen Ländern sehr weit verbreitet ist und nennt Syrien, „wo etwa zwei Drittel des anfallenden Abwassers aufbereitet und davon wiederum 100% wiederverwendet werden.“ (Huber 2009, S. 4/13) Wird Frischwasser durch Entsalzung gewonnen, bedeutet Wiederverwendung eine Kostenersparnis. Zweifellos bedarf es einer Zusammenarbeit der Wasserfachleute mit Städteplanern, Architekten und Politikern. (S. 4/14)

Der Gewässer- und Meeresschutz wird einen der umweltpolitischen Schwerpunkte der nächsten Jahre darstellen, wie sie der Sachverständigenrat für Umweltfragen (SRU) vorgeschlagen hat. (Faulstich / Leipprand 2009, S. 2/1) Der SRU, 1971 gegründet, gehört unter den Institutionen wissenschaftlicher Politikberatung zu den ältesten in Deutschland. Bei der von ihm geleisteten Arbeit kommt einem angestrebten Übergang von der Abfallwirtschaft zur Ressourcenwirtschaft eine zentrale Bedeutung zu: die Vermeidung von Abfällen ist prioritär. Entsprechend dieser Denkweise ist eine deutliche Verringerung des Eintrags von Mikroschadstoffen in Oberflächengewässer, ins Meer und letztlich ins Grundwasser ein zentrales Anliegen. Zu den Vorschlägen des Sachverständigenrates für Umweltfragen gehört unter anderem „eine Beseitigung des Datendefizits bei zugelassenen Arzneimitteln, eine Reduzierung des Antibiotikaeinsatzes, und eine Minderung des Arzneimitteleintrags in die Umwelt.“ (Faulstich / Leipprand 2009, S. 2/11) Das Wirtschaftswachstum muss vom Umweltverbrauch entkoppelt werden. (S. 2/14)

Haiko Pieplow verweist auf die Dringlichkeit für „ein nachhaltiges Modell industrieller Entwicklung. Wir brauchen einen Strategiewechsel bei der Nutzung der natürlichen Ressourcen. Ökologische, ökonomische und soziale Belange bedingen einander.“ (Pieplow 2009, S. 7)

Immerhin „sind 1,2 Milliarden Menschen ohne Zugang zu sicherem Trinkwasser, 2,6 Milliarden Menschen haben keinen Zugang zur sanitären Grundversorgung.“ (S. 9). Das muss sich ändern.

## 8 Literatur / Internet

Abkürzung

RWTH = Rhein.-Westfäl. Techn. Hochschule Aachen. Institut für Siedlungswasserwirtschaft. Reihe: Gewässerschutz. Wasser. Abwasser

ABWASSERTECHNISCHE VEREINIGUNG Hannover. Siehe: ROSEN-WINKEL, Karl-Heinz

AMELUNG, W. / KLEIN, C. / PÄTZOLD, S. / BRÜMMER, G.W., 2006: Pflanzenschutzmittel- und Nährstoffeinträge in Gewässer: Fallbeispiele und Perspektiven aus der bodenkundlichen Forschung. In: Dehne / Rieser (Hrsg.), 2006. S. 39-51

BACK, Werner (Hrsg.), 2008: Mikrobiologie der Lebensmittel. Getränke. Hamburg: B. Behr's Verlag. 3. Auflage

BAEDEKER, Hans J., 1993: Einführung zur 25. Essener Tagung. In: RWTH (Hrsg.), 1993. Nr. 135. Aachen. S. 1-15

BARTHEL, Hartmut, 2010: Aufbereitung von Wasser. In: Nießner (Hrsg.), 2010. S. 807-865

BEIER, Silvio, 2010: Elimination von Arzneimitteln aus Krankenhausabwasser. RWTH (Hrsg.), 2010. Nr. 222. Aachen

BEISECKER, R., 2006: Interessenkonflikt Landwirtschaft und Gewässerschutz - Beispiele praktischer Lösungsansätze. In: Dehne / Rieser (Hrsg.), 2006. S. 95-109

BELITZ, H.-D. / GROSCH, W. / SCHIEBERLE, P., 2008: Lehrbuch der Lebensmittelchemie. Berlin Heidelberg: Springer Verlag. 6. Auflage

BENDT, Th. / PEHL, B. / GEHRT, A. / ROLFS, C.-H., 2002: Antibiotikaresistente Keime in einem Klärwerk. Welche Konsequenzen müssen gezogen werden? In: Gesellschaft zur Förderung ... Bochum (Hrsg.), 2002. S. 75-93

BEVER, Jürgen / STEIN, Andreas / TEICHMANN, Hanns (Hrsg.), 2002: Weitergehende Abwasserreinigung. München: Oldenbourg Industrieverlag

BLÖCH, Helmut, 2004: Umsetzung der EU-Wasserrahmenrichtlinie aus der Sicht der EU. In: RWTH (Hrsg.), 2004. Nr. 193. S. 1/1-1/5

BOHNE, Eberhard, 2007: Umweltschutz in der Föderalismusreform. In: RWTH (Hrsg.), 2007. Nr. 207. S. 1/1-1/11

BONGAERTS, Jan C., 1993: Wasser- und Bodenschutz in den EG-Ländern – Politik und Vollzug. In: RWTH (Hrsg.), 1993. Nr. 135. Aachen. S. 17-25

BOTZENHART, Konrad / SEIDEL, Michael, 2010: Wasservirologie. In: Nießner (Hrsg.), 2010. S. 411-426

BRAHA, Alexandru / GROZA, Ghiocel, 2006: Moderne Abwassertechnik. Erhebung, Modellabsicherung, Scale-Up, Planung. Weinheim: WILEY-VCH Verlag

BREITSCHUH, Gerhard / ECKERT, Hans, 2008: Nachhaltige Landwirtschaft – Realität oder Vision für das 21. Jahrhundert? In: Kaatsch u.a., 2008. S. 61-83

CARLSON, Sven, 1989: Grundlagen der Desinfektion von Wasser. In: Grohmann, A. (Hrsg.), 1989. S. 25-49

CARLSON, Sven / SEIDEL, Michael, 2010: Mikrobiologie des Wassers. In: Nießner, (Hrsg.): 2010. S. 305-409

CHORUS, Ingrid / CLASEN, Jürgen, 2010: Biologische Aspekte der Wassernutzung und Wasserqualität. Übersicht. In: Nießner (Hrsg.), 2010. S. 427-431

CHORUS, Ingrid / CLASEN, Jürgen / FASTNER, Jutta, 2010: Biologische Aspekte der Wassernutzung und Wasserqualität. Stehende Gewässer. In: Nießner (Hrsg.), 2010. S. 432-467

DEHNE, H.-W. / RIESER, A., Lehr- und Forschungsschwerpunkt "Umweltverträgliche und Standortgerechte Landwirtschaft", Landwirtschaftliche Fakultät der Rheinischen Friedrich-Wilhelms-Universität Bonn (Hrsg.), 2006: Tagungsband der 17. und 18. Wissenschaftlichen Fachtagung: Wasserwirtschaft und Landwirtschaft. – Auf dem Wege zu einer guten Partnerschaft – Nov. 2004. Landwirtschaft und Grundwasser – Stoffeinträge analysieren, bewerten und vermeiden – Juni 2005. Meckenheim: Druck Center Meckenheim

DFG DEUTSCHE FORSCHUNGSGEMEINSCHAFT (Hrsg.), 1990: Pflanzenschutzmittel im Trinkwasser. Analytik, toxikologische Beurteilung und Strategien zur Minimierung des Eintrages erarbeitet durch die Arbeitsgruppen Analytik, Phytomedizin und Toxikologie. Mitteilung XVI der Kommission für Pflanzenschutz-, Pflanzenbehandlungs- und Vorratsschutzmittel. Weinheim: VCH Verlagsgesellschaft

DVGW DEUTSCHE VEREINIGUNG DES GAS- UND WASSERFACHES e.V. (Hrsg.), 2004: Wasseraufbereitung – Grundlagen und Verfahren. München, Wien: Oldenbourg Industrieverlag

Deutsche Vereinigung für Wasserwirtschaft, Abwasser und Abfall e.V. – DWA (Hrsg.), 2007: Beeinflussung der Grundwasserqualität durch problematische Stoffe in Klärschlamm, Kompost und Gülle – Grundlagen – .Hennef: DWA

EISELE, J.-A., 2006: Die novellierte Düngeverordnung als Instrument zur Umsetzung der EU-Nitratrichtlinie. In: Dehne / Rieser (Hrsg.), 2006. S. 79-83

ENGELHARDT, Tanja, 1999: Elektrochemische Aufbereitung eines mit Sprengstoffen belasteten Industrieabwassers – vom Labormaßstab zur Pilotanlage. Erlangen-Nürnberg: Universität (Zugl.: Nürnberg, Univ., Diss., 1999)

ENGLERT, Ralf, 1998: Weiterentwickelte Lösungskonzepte zur Abwasserbeseitigung in Wasserschutzgebieten. Weimar: Bauhaus-Universität (Zugl.: Weimar, Univ., Diss., 1998)

EVERS, Karl Wolfgang, 2009: Wasser als Lebensmittel. Trinkwasser. Mineralwasser. Quellwasser. Tafelwasser. Hamburg: B. Behr's Verlag

FACHVEREINIGUNG BETRIEBS- UND REGENWASSERNUTZUNG e.V. (Hrsg.), 2009: Grauwasser-Recycling – Wasser zweimal nutzen. Darmstadt: Fachvereinigung ...(fbr). Schriftenreihe fbr Band 12

FAULSTICH, Martin / LEIPPRAND, Anna,2009: Schwerpunkte der Umweltpolitik der nächsten Jahre. In: RWTH (Hrsg.), 2009. Nr. 217. S. 2/1-2/15

FIRK, W., 2002: Erfordert die Trinkwassergewinnung aus Oberflächengewässern in Zukunft eine Abwasserbehandlung mit Membrantechnologie? In: Gesellschaft zur Förderung ... Bochum (Hrsg.), 2002. S. 67-73

FLÖSER, Veit, 1999: Abwasserrelevanz von Krankenhäusern. In: Flöser u. a., 1999, S. 55-77

FLÖSER, Veit, 1999: Rückstände aus OP, Pathologie, Apotheke – Abfall oder Abwasser? In: Flöser u. a., 1999, S. 165-176

FLÖSER, Veit, und 7 Mitautoren, 1999: Krankenhausabwasser. Beschaffenheit – Behandlung – Maßnahmen zur Reduzierung von Schadstoffen – Hygienische Aspekte. Renningen-Malmsheim: expert-Verlag. Reihe: Kontakt & Studium Band 593

FLORENZ, K.-H., 1999: Die Wasserpolitik der Europäischen Union. In: RWTH (Hrsg.), 1999. Nr. 172. Aachen. S. 1/1-1/42

FRECHEN, Franz-Bernd (Hrsg.), 2005: 10. Kasseler Siedlungswasserwirtschaftliches Symposium – Forschung für die Praxis – . Kassel: Universität Kassel (Schriftenreihe des Fachgebietes Siedlungswasserwirtschaft. Band 27)

FREHMANN, Torsten, / NAFO, Issa Ibrahim, 2007 / JAGEMANN, Peter, 2007: Bewirtschaftungsansätze zur Reduzierung des Eintrags von Spurenstoffen in den Wasserkreislauf. In: Gesellschaft zur Förderung ... Bochum (Hrsg.), 2007. S. 63-75

FRIEDRICH, Günther / SOMMERHÄUSER, Mario, 2010: Biologische Aspekte der Wassernutzung und Wasserqualität. Fließgewässer. In: Nießner (Hrsg.), 2010. S. 467-505

FRIEDRICH, Harald, 1999: Schwerpunkte des Gewässerschutzes in NRW. In: RWTH (Hrsg.), 1999. Nr. 172. S. 3/1-3/19

FRIEDRICH, Harald, 2004: Umsetzung der EU-Wasserrahmenrichtlinie in NRW – Bestandsaufnahme Niederrhein. In: RWTH (Hrsg.), 2004. Nr. 193. S. 2/1-2/29

GARTISER, Stefan, 1999: Röntgenkontrastmittel, AOX und ökotoxikologische Parameter. In: Flöser u. a., 1999, S. 78-96

GERNIKEITES, Thomas Heinrich, 1995: Anwendung der Fluoreszenzdetektion in der Umweltanalytik am Beispiel der Bestimmung ausgewählter Pflanzenschutzmittel und Metaboliten in Wasserproben. In: RWTH (Hrsg.), 1995. Nr. 149. Aachen

GESELLSCHAFT ZUR FÖRDERUNG des Lehrstuhls für Siedlungswasserwirtschaft und Umwelttechnik an der Ruhr-Universität Bochum (Hrsg.), 2002: 20. Bochumer Workshop. Neue Konzepte und Technologien in der Abwasserentsorgung. Bochum: Schriftenreihe Siedlungswasserwirtschaft Bochum 44

GESELLSCHAFT ZUR FÖRDERUNG des Lehrstuhls für Siedlungswasserwirtschaft und Umwelttechnik an der Ruhr-Universität Bochum (Hrsg.), 2007: 25. Bochumer Workshop. Arzneimittel und Industriechemikalien ein Abwasserproblem. Bochum: Schriftenreihe Siedlungswasserwirtschaft Bochum 54

GORDALLA, Birgit C., 2010: Normen. In: Nießner (Hrsg.), 2010. S. 987-999

GROHMANN, Andreas N. (Hrsg.) 1989: Zusatzstoffe für Trinkwasser. Anforderungen. Einsatz. Rechtliche Grundlagen. Stuttgart/New York: Gustav Fischer Verlag

GROHMANN, Andreas N., 2010: Einleitung. In: Nießner (Hrsg.), 2010. S. 1-11

GROVE, Anja / HEIDENREICH, Franz-Peter (Hrsg.), 2009: Zukunftsfähige Nutzungen. Innovative Beispiele aus den Bereichen Gewässer/Wasser/Abwasser. Berlin: Erich Schmidt Verlag. Reihe: Initiativen zum Umweltschutz Band 73

GRÜNEBAUM, Thomas, 1990: Untersuchungen zur weitergehenden Abwasserreinigung bei schwach gepufferten Abwässern. RWTH (Hrsg.) Nr. 123 (Zugl.: Aachen, Diss. TH Aachen, 1990)

GÜNTHERT, Frank Wolfgang / CVACI, Darius, 2005: Betriebserfahrungen mit Sonderlösungen zur Entwässerung im ländlichen Raum. In: Frechen (Hrsg.) 2005. Abschnitt 13, S. 13-1 – 13-10

HABER, Wolfgang, 1993: Wasser- und Bodenschutz aus ökologischer Sicht. In: RWTH (Hrsg.), 1993. Nr. 135. S. 59-69

HAHN, Hermann H., 2006: Die Wasserwirtschaft von Morgen – Eine technische, wirtschaftliche und moralische Herausforderung für uns und für Dritte. In: RWTH (Hrsg.), 2006. Nr. 202. S. 1/1-1/9

HAMSCHER, Gerd, 2006: Tierarzneimittel in der Umwelt: Vorkommen, Verhalten, Risiken. In: Frimmel / Müller (Hrsg.), 2006. S. 105-124)

HEISS, Rudolf (Hrsg.), 2004: Lebensmitteltechnologie. Biotechnologische, chemische, mechanische und thermische Verfahren der Lebensmittelverarbeitung. Berlin Heidelberg. 6. Auflage

HELLEKES, Rainer / PERDELWITZ, Dieter, 1986: Nitratbelastung des Trinkwassers. Reaktionsweisen der Wasserversorgungsunternehmen. Berlin: Internationales Institut für Umwelt und Gesellschaft (IIUG), Wissenschaftszentrum Berlin. Reihe: IIUG rep 86-2

HENNEBERG, S. C. / KRIPPENSTAPEL, I., 2007: Was fordern die EG-WRRL und andere Vorschriften? In: Gesellschaft zur Förderung ... Bochum (Hrsg.), 2007. S. 43-52

HENTSCHEL, A., 2006: Fließgewässerentwicklung und Landwirtschaft – Möglichkeiten der Konfliktlösung. In: Dehne / Rieser (Hrsg.), 2006. S. 52-56

HERRNRING, Hans-Walter, 1993: Wasser- und Bodenschutz aus der Sicht der Länder „Anspruch und Wirklichkeit". In: RWTH (Hrsg.), 1993. Nr. 135. S. 51-58

HESSISCHES LANDESAMT FÜR UMWELT UND GEOLOGIE (Hrsg.), 2008: Handbuch Altlasten, Band 3, Teil 6: Ermittlung von Schadstofffrachten im Grund- und Sickerwasser. Bearbeiter: Thomas Held, Helmut Jacob, Jens Blotevogel, ARCADIS Consult. Wiesbaden: Hess. Landesamt für Umwelt und Geologie

HÖLL, Karl, 1978: Die Wahrheit über die Atomkraftwerke. München: Udo Pfriemer Verlag. (Erstauflage 1977)

HÖLL, Karl, 1986: Wasser. Untersuchung, Beurteilung, Aufbereitung, Chemie, Bakteriologie, Virologie, Biologie. Unter Mitwirkung von Sven Carlson, Dietrich Lüdemann, Hans Rüffer. Berlin, New York: Walter de Gruyter. 7. Auflage

HOLZWARTH, Fritz, 1999: Die neue Europäische Wasserrahmenrichtlinie. In: RWTH (Hrsg.), 1999. Nr. 172. S. 4/1-4/7

HUBER, Andreas, 1998: Belastung der Oberflächengewässer mit Pflanzenschutzmitteln in Deutschland – Modellierung der diffusen Einträge – . Gießen: Justus-Liebig-Universität (Zugl.: Gießen, Univ., Diss., 1998)

HUBER, Hans G., 2009: Gesteigerte Ressourceneffizienz zur Lösung internationaler Wasserprobleme. In: RWTH (Hrsg.), 2009. Nr. 217. S. 4/1-4/14

HUBNER, Peter, 1999: Flüssige Rückstände aus medizinisch-diagnostischen Routinelaboratorien. In: Flöser u. a., 1999, S. 97-117

HÜTTER, Leonhard A., 1988: Wasser und Wasseruntersuchung. Methodik, Theorie und Praxis chemischer, chemisch-physikalischer und bakteriologischer Untersuchungsverfahren. Frankfurt am Main: Verlag Moritz Diesterweg, Frankfurt am Main und Salzburg: Verlag Sauerländer. 3. Auflage

IRMER, Harald, 1999: Fachliche Konsequenzen der EU-Wasserrahmenrichtlinie. In: RWTH (Hrsg.), 1999. Nr. 172. S. 6/1-6/6

IVASHECHKIN, Pavel, 2006: Elimination organischer Spurenstoffe aus kommunalem Abwasser. RWTH (Hrsg.), 2006. Nr. 205. Aachen

JEKEL, Martin, 2004: Anforderungen an Trinkwasser und an die Trinkwasseraufbereitung. In: DVGW (Hrsg.), 2004. S. 1-22

JOOSTEN, Thomas, 1999: Laborgerätekataster als Hilfsmittel für die Bewertung von Laborabwasser. In: Flöser u. a., 1999, S. 150-164

KAATSCH, Hans-Jürgen / ROSENAU, Hartmut / TAUBE, Friedhelm / THEOBALD, Werner (Hrsg.), 2008: Ethik der Agrar- und Ernährungswissenschaften. Berlin: LIT Verlag Dr. W. Hopf

KALBFUS, W., 1998: Exposition und Wirkung endokriner Substanzen im aquatischen System. In: Kroiss, H. (Hrsg.), 1998: Hormonell aktive Substanzen in der Umwelt. Wiener Mitteilungen – Wasser, Abwasser, Gewässer, Bd. 153

KATALYSE e.V., Institut für Angewandte Umweltforschung (Hrsg.), 1990: Das Wasser-Buch: Trinkwasser und Gesundheit. Köln: Kiepenheuer u. Witsch

KEIL, Florian, 2009: Humanarzneimittelwirkstoffe: Handlungsmöglichkeiten zur Verringerung von Gewässerbelastungen. In: RWTH (Hrsg.), 2009. Nr. 217. S. 7/1-7/15

KLUG, Astrid, 2007: Innovationspotenziale der deutschen Wasser- und Abfallpolitik. In: RWTH (Hrsg.), 2007. Nr. 207. S. II/1-II/6

KOMMISSION DER EUROPÄISCHEN GEMEINSCHAFTEN, Generaldirektion XIII: Informationstechnologien, Informationsindustrie und Telekommunikation, Luxemburg. Generaldirektion Energie (Hrsg.), 1993: Abwasser aus der Kartoffelchipproduktion. Schlussbericht. (Convent Knabber-Gebäck GmbH, Köln). Luxemburg: Amt für amtliche Veröffentlichungen der Europäischen Gemeinschaften

KRAUSE, C. / CHUTSCH, M. / HENKE, M. / SCHULZ, M. / LEISKE, M. / MEYER, E. / SCHULZ, C. / SCHWARZ, E. / WOLTER, R., 1991: Umwelt-Survey. Messung und Analyse von Umweltbelastungsfaktoren in der Bundesrepublik Deutschland. Umwelt und Gesundheit. Band IIIb Wohn-Innenraum: Trinkwasser. Deskription der Spurenelemente im Haushalts- und Wasserwerks-Trinkwasser der Bundesrepublik Deutschland 1985/86. Berlin: Bundesgesundheitsamt

KROISS, Helmut, 2010: Perspektiven der Wassergütewirtschaft 2050 – gesicherte Grundlagen, ungewisse Zukunft. In: RWTH (Hrsg.), 2010. Nr. 220. S. 2/-2/18

KROMAREK, Pascale, (1986): Die Trinkwasserrichtlinie der EG und die Nitratwerte. Berlin: Internationales Institut für Umwelt und Gesellschaft – IIUG, Wissenschaftszentrum Berlin für Sozialforschung. Reihe: IIUG rep 86-9

KÜHN, W., 2007: Müssen die Einträge in die Oberflächengewässer reduziert werden? In: Gesellschaft zur Förderung ... Bochum (Hrsg.), 2007. S. 27-41

KÜMMERER, Klaus, 1999: Biologische Abbaubarkeit von Desinfektionsmitteln. In: Flöser u. a., 1999, S. 118-133

KUNST, Sabine, 1991: Untersuchungen zur biologischen Phosphorelimination im Hinblick auf ihre abwassertechnische Nutzung. Hannover

LÄNDERARBEITSGEMEINSCHAFT WASSER (LAWA), (Hrsg.), 2002: Gemeinsamer Bericht von LAWA und LABO zu Anforderungen an eine nachhaltige Landwirtschaft aus Sicht des Gewässer- und Bodenschutzes vor dem Hintergrund der Wasserrahmenrichtlinie. Hannover: Niedersächsisches Umweltministerium

LANDESAMT FÜR WASSER UND ABFALL Nordrhein Westfalen (Hrsg.), 1992: Mineralölhaltiges Abwasser aus Kfz-Werkstätten, Waschanlagen und Tankstellen. Düsseldorf: LWA

LANGE, Jörg / OTTERPPOHL, Ralf, 2000: Ökologie Aktuell. Abwasser. Handbuch zu einer zukunftsfähigen Wasserwirtschaft. Donaueschingen-Pfohren: Mall-Beton-Verlag. 2. Auflage

LEIST, Hans-Jürgen, 2007: Wasserversorgung in Deutschland. Kritik und Lösungsansätze. München: oekom Verlag, Gesellschaft für ökologische Kommunikation

LEMMER, Hilde / LIND, George, 2000: Blähschlamm, Schaum, Schwimmschlamm. Mikrobiologie und Gegenmaßnahmen. München: F. Hirthammer Verlag

LÜCKE, Susanne, 1993: Was trinken wir wirklich? Ein kritischer Blick auf Wasser, Wein, Bier und Saft. Frankfurt/M; Berlin: Ullstein

MAUER, CH. / HUSMANN, M. / BEIER, S. / PINNEKAMP, J., 2007: Separate Erfassung und Behandlung von Krankenhausabwasser am Beispiel des Pilotprojektes Krankenhaus Waldbröhl. In: Gesellschaft zur Förderung ... Bochum (Hrsg.), 2007. S. 133-147

MAUER, Christian, 2011: Technische und ökonomische Aspekte der separaten Erfassung und Behandlung von Krankenhausabwasser. RWTH (Hrsg.). Nr. 229. Aachen (Zugl.: Aachen, Diss. RWTH, 2011)

MAUS, Heinz / EVERS, Peter, 2005: Fremdwasserproblematik, Ursachen und Ansätze zur Reduzierung. In: Frechen (Hrsg.), 2005. Abschnitt 16. S. 16-1 -16-15

METZGER, S. / KAPP, H., 2007: Elimination von Arzneimitteln in der Kläranlage Neu-Ulm. In: Gesellschaft zur Förderung ... Bochum (Hrsg.), 2007. S. 117-132

MONTAG, David, 2008: Phosphorrückgewinnung bei der Abwasserreinigung. Entwicklung eines Verfahrens zur Integration in Kommunale Kläranlagen. RWTH (Hrsg.) Nr. 212. Aachen

MÜNCH, Peter, 1993: Stadthygiene im 19. und 20. Jahrhundert: die Wasserversorgung, Abwasser- und Abfallbeseitigung unter besonderer Berücksichtigung Münchens. Göttingen: Vandenhoeck & Ruprecht (Bayerische Akademie der Wissenschaften <München> / Historische Kommission: Schriftenreihe der Historischen Kommission bei der Bayerischen Akademie der Wissenschaften; 49)

NAGEL, Almut, 2010: Die Strategie der Bundesregierung zur Anpassung an die Folgen des Klimawandels. In: RWTH (Hrsg.), 2010. Nr. 220. S. 4/1-4/5

NISIPEANU, Peter, 1999: Rechtsfragen bei der Entsorgung von Krankenhausabwässern. In: Flöser u. a., 1999, S. 1-35

NIEẞNER, Reinhard (Hrsg.), 2010: Karl Höll: Wasser. Nutzung im Kreislauf. Hygiene, Analyse und Bewertung. Berlin/New York: Walter de Gruyter. 9. Auflage

NISSING, Werner / NIEẞNER, Reinhard, 2010: Chemie des Wassers. In: Nießner (Hrsg.), 2010. S. 47-108

NORMANN-SCHMIDT, Sabine, 1995: Auf der Suche nach der umweltgerechten Landwirtschaft. Verflechtungen von Land- und Wasserwirtschaft. München, Wien: R. Oldenbourg Verlag. Reihe: gwf Wasser, Abwasser. Band 24

PATT, A., 2006: Wasserwirtschaftliche Aspekte der Fließgewässer- und Auennutzung. In: Dehne / Rieser (Hrsg.), 2006. S. 34-38

PETERSOHN, Dietmar, 2010: Sicherheit und Schutz vor Krankheitserregern durch ein multiples Barrierensystem. Fallbeispiel für eine sichere Wasserversorgung ohne Desinfektion. In: Nießner (Hrsg.), 2010. S. 655-659

PIEPLOW, Haiko, 2009: Ökologische Industriepolitik zur Förderung von Innovation, Mittelstand und Beschäftigung. In: Fachvereinigung ...(Hrsg.), 2009. S. 7-11

PINNEKAMP, Johannes / BEIER, Silvio / ARNDT, Daniela, 2007: Status und Entwicklung der Membrantechnik. In: RWTH (Hrsg.), 2007. Nr. 210. S. 1/1-1/8

PORT, Eberhard, 2005: Mischwasserbehandlung aus Sicht des Hessischen Ministeriums für Umwelt, ländlichen Raum und Verbraucherschutz. In: Frechen (Hrsg,), 2005. Abschnitt 14. S. 14-1 - 14-10

PROBST, Simone, 1999: Impulse aus Europa für den Gewässerschutz in Deutschland. In: RWTH (Hrsg.), 1999. Nr. 172. S. 2/1-2/5

QUENTIN, Karl-Ernst, 1988: Trinkwasser: Untersuchung und Beurteilung von Trink- und Schwimmbadwasser. Berlin u.a. Springer

RIESER, A., 2006: EG-Wasserrahmenrichtlinie (EG-WRRL) und Grundwasserschutz. In: Dehne / Rieser (Hrsg.), 2006. S. 59-69

ROSENAU, Hartmut, 2008: Nachhaltigkeit leben. Sapientale Interpretation einer umweltethischen Leitkategorie. In: Kaatsch u.a. 2008. S. 179-190

ROSENWINKEL, Karl-Heinz / Abwassertechnische Vereinigung e. V. (Hrsg.), 2000: ATV-Handbuch Industrieabwasser: Lebensmittelindustrie. Berlin: Ernst & Sohn Verlag. 4. Auflage

ROẞNAGEL, Alexander, 2005: Bedeutung der Siedlungswasserwirtschaft in der Umweltforschung der Universität Kassel. In: Frechen (Hrsg.), 2005. Abschnitt 1, S. 1-1 - 1-4

ROWECK, Hartmut, 2008: Über den Landschaftsverbrauch und seine Folgen – ethische und ökologische Aspekte. In: Kaatsch u.a. 2008. S. 129-156

RUCHAY, Dietrich / DINKLOH, Ludwig, 1993: Gewässer- und Bodenschutz aus der Sicht des Bundes. In: RWTH (Hrsg.), 1993. Nr. 135. S. 27-50

RÜHLE, Horst, 2010: Radioaktive Stoffe im Trinkwasser. In: Nießner (Hrsg.), 2010. S. 276-304

RÜFFER, Hans / KARGER, Rosemarie / HORN, Harald, 2010: Abwasserreinigung zum Schutze der Gewässer und ihrer Nutzbarkeit. In: Nießner (Hrsg.), 2010. S. 897-986

RWTH (Hrsg.), 1993: Wasser- und Bodenschutz – Anspruch und Wirklichkeit. Nr. 135. 25. Essener Tagung. Aachen

RWTH (Hrsg.), 1999: 32. Essener Tagung für Wasser- und Abfallwirtschaft. Schwerpunkte: Gewässerschutz, Trinkwasser, Abwasser. Nr. 172. Aachen

RWTH (Hrsg.), 2004: 37. Essener Tagung für Wasser- und Abfallwirtschaft. Nr. 193. Aachen

RWTH (Hrsg.), 2006: 39. Essener Tagung für Wasser- und Abfallwirtschaft. Nr. 202. Aachen

RWTH ((Hrsg.), 2007: 40. Essener Tagung für Wasser- und Abfallwirtschaft. Nr. 207. Aachen

RWTH (Hrsg.), 2007: Membrantechnik in Nordrhein-Westfalen. Workshop. Nr. 210. Aachen

RWTH (Hrsg.), 2009: 42. Essener Tagung für Wasser- und Abfallwirtschaft. Nr. 217. Aachen

RWTH (Hrsg.), 2010: 43. Essener Tagung für Wasser- und Abfallwirtschaft. „Perspektiven und Risiken". Nr. 220. Aachen

RWTH (Hrsg.), 2011: 44. Essener Tagung für Wasser- und Abfallwirtschaft. „Zukunftsfähige Wasserwirtschaft – kosteneffizient und energiebewusst". Nr. 223. Aachen

RWTH (Hrsg.), 2012: 45. Essener Tagung für Wasser- und Abfallwirtschaft. „Wasserwirtschaft und Energiewende". Nr. 230. Aachen

SCHAAF, Otto / LENZ, Jutta, 2010: Standortbestimmung und Zukunftschancen der deutschen Wasserwirtschaft. In: RWTH (Hrsg.), 2010. Nr. 220. S. 1/1-1/14

SCHEER, Holger, 2004: Erfahrungen mit dem Betrieb, der Überwachung und Leistungsfähigkeit von Kleinkläranlagen. In: RWTH (Hrsg.), 2004. Nr. 193. S. 15/-15/7

SCHEFFEL, Werner, 2000: Kartoffelveredelungsindustrie. In: Rosenwinkel / Abwassertechnische Vereinigung e. V. (Hrsg.), 2000, S. 155-171

SCHEFFER, B., 2006: Diffuse Nährstoffeinträge aus dem Bereich Landwirtschaft. In: Dehne / Rieser (Hrsg.), 2006. S. 68- 78

SCHINK, Alexander, 2007: Auf dem Weg zum Umweltgesetzbuch – Neue Möglichkeiten für das Wasserrecht. In: RWTH (Hrsg.), 2007. Nr. 207. S. 3/1-3/5

SCHMITT, Dieter, 2008: Das Wasser-Praxisbuch. Wissenswertes über Quell-, Trink- und Mineralwasser, Umkehrosmose, Wasserbelebung, Basenwasser und vieles mehr! Reichenberg: Edition Sonnenklar um Siva-Natara Verlag

SCHÖN, Dieter / HOFFMEISTER, Hans / DARIMONT, Theodor / MANDELKOW, Jürgen / SONNEBORN, Manfred, 1982: Gesundheitlicher Einfluß von Trinkwasserinhaltsstoffen. SozEp-Berichte 6/1982. Schriftenreihe des Instituts für Sozialmedizin und Epidemiologie des Bundesgesundheitsamtes. Berlin: Dietrich Reimer Verlag

SCHRADER, Corinna / KRAMPE, Jörg / KUCH, Bertram / ROTT, Ulrich, 2006: Elimination hormonell wirksamer Substanzen und Arzneimittel aus dem Abwasser mit weitergehender Verfahrenstechnik. In: RWTH (Hrsg.), 2006. Nr. 202. S. 4/1-4/15

SCHREIBER, Hubert / WESTPHAL, Burkhard / SCHOENEN, Dirk, 2010: Organismen in Trinkwasseranlagen. In: Nießner (Hrsg.), 2010. S. 541-579

SCHRÖDER, Horst Friedrich, 1997: Biochemisch schwer abbaubare Organische Stoffe in Abwässern und Oberflächenwässern – Vorkommen, Bedeutung und Elimination. In: RWTH (Hrsg.). Nr. 166. Aachen (Kurzfassung Habilitationsschrift)

SCHÜLE, Eberhard, 2002: Eintrag von Pflanzenschutzmitteln in Oberflächengewässer - Relevanz punktueller Eintragspfade, Abbauverhalten und Möglichkeiten der Behandlung pflanzenschutzmittelhaltiger Abwässer. München: Oldenbourg Industrieverlag (Stuttgarter Berichte zur Siedlungswasserwirtschaft; Band 164). (Zugl.: Stuttgart, Univ., Diss., 2001)

SCHUMANN, Gunther, 2002: Alkoholfreie Getränke. Rohstoffe – Produktion – Lebensmittelrechtliche Bestimmungen. Berlin: Versuchs- und Lehranstalt für Brauerei in Berlin (VLB). 9. Auflage

SCHWABE, U. / PAFFRATH, D. (Hrsg.), 2006: Arzneiverordnungsreport 2005. Aktuelle Daten, Kosten, Trends und Kommentare. Berlin, Heidelberg: Springer Verlag

SEIDEL, K., 1989: Legionellen – neue Problemkeime des Wassers. In: Grohmann (Hrsg.), 1989, S. 51-58

SEITZ, Wolfram / WEBER, Walter H. / FLOTTMANN, Dirk / SCHULZ, Wolfgang, 2004: HPLC/MS/MS in der Wasseranalytik. Iodierte Röntgen-kontrastmittel in Oberflächen-, Grund- und Trinkwasser. In: CLB Chemie in Labor und Biotechnik, 55. Jahrgang, Heft 12/2004. S. 456-460

SENGL, M., 2007: Pharmaka und Hormone in der aquatischen Umwelt. In: Gesellschaft zur Förderung ... Bochum (Hrsg.), 2007. S. 9-18

SPELTHAHN, Sabine, 1994: Privatisierung natürlicher Monopole: Theorie und internationale Praxis am Beispiel Wasser und Abwasser. Wiesbaden: Gabler

SPILLECKE, Hermann, 1999: Rechtliche und organisatorische Konsequenzen aus der Wasser-Rahmen-Richtlinie für den Ländervollzug. In: RWTH (Hrsg.), 1999. Nr. 172. S. 5/1-5/12

STIFTUNG WARENTEST, 2012: Mineralwasser. Stilles Wasser: Viele Keime, wenig Mineralstoffe. Test 7/2012. S. 22- 29. Berlin: Stiftung Warentest

TEHERANI-KRÖNNER, Parto, 1992: Human- und kulturökologische Ansätze zur Umweltforschung. Ein Beitrag zur Umweltsoziologie mit einer Fallstudie zur Grundwasserbelastung mit Nitrat, zur Problemperzeption und Gülleregulierung im Landkreis Vechta. Wiesbaden: Deutscher Universitäts-Verlag (Zugl.: Berlin, Technische Univ., Diss., 1992)

TEICHGRÄBER, Burkhard, 2009: Behandlung von Krankenhausabwasser zur gezielten Elimination von Arzneimittelrückständen. In: Gesellschaft zur Förderung ... Bochum (Hrsg.), 2009. S. 51-64

TILKES, F., 1999: Reduzierung der Abwasserbelastung unter Berücksichtigung krankenhaushygienischer Gesichtspunkte. In: Flöser u. a., 1999, S. 134-149

TOUSSAINT, Eckart, 1989: Integrierter Pflanzenbau. Landwirtschaft und Trinkwasserqualität. Bonn: Rheinischer Landwirtschaftsverlag. Reihe: Integrierter Pflanzenbau Heft 5/1989

TROGEMANN, Jens J., 2000: Sicherstellung der Trink- und Mineralwasserqualität unter besonderer Berücksichtigung der Neuregelungen der Trinkwasserrichtlinie (RL 98/83/EG) und der Mineralwasserrichtlinie (RL96/70/EG). Berlin: Wissenschaftlicher Verlag (Zugl.: Hannover, Univ., Diss., 2000)

UMWELTBUNDESAMT (Hrsg.), 2001: Nachhaltige Wasserversorgung in Deutschland. Analyse und Vorschläge für eine zukunftsfähige Entwicklung. Autoren: Holger Brackemann,

Hartmut Bartei, Helmut Höring, Christoph Kühleis, Jörg Rechenberg, Christian Teuchert. Berlin: Erich Schmidt Verlag

WATZL, Bernhard / LEITZMANN, Claus, 2005: Bioaktive Substanzen in Lebensmitteln. Stuttgart: Hippokrates Verlag. 3. Auflage

WELTIN, D. / TENNHARDT, L. / BILITEWSKI, B., 2000: Gefährdungspotential von Klärschlamm durch endokrin wirksame Substanzen. Tagung: Alternative Klärschlammverwertung und Auswirkungen der EU-Klärschlammverordnung. Leipzig, 19.10.2000

WENDENBURG, Helge, 2007: Wasser- und Abfallwirtschaft im neuen Umweltgesetzbuch. In: RWTH (Hrsg.), 2007. Nr. 207. S. 2/1-2/9

WENDENBURG, Helge, 2010: Wasserwirtschaft – Stand und Perspektiven im Wasserrecht. In: RWTH (Hrsg.), 2010. Nr. 220. S. 3/1-3/9

WERNICKE, F., 1990: Mikrobielle Antagonismen im Trinkwasserbereich. Charakterisierung autochthoner Filterbiozönosen. Fachgebiet Hygiene, Technische Universität Berlin, Universitätsbibliothek

WILHELM, M. / HÖLZER, J. / KRAFT, M. / RAUCHFUSS, K. / KLEESCHULTE, P. / MIDASCH, O. / ANGERER, J., 2007: Der PFT-Fall im Sauerland – umweltmedizinische Bewertung. In: Gesellschaft zur Förderung … Bochum (Hrsg.), 2007.S. 53-62

ZÜHLKE, S., 2007: Industriechemikalien in der aquatischen Umwelt. In: Gesellschaft zur Förderung … Bochum (Hrsg.), 2007. S. 19-25

Abstract

Rückstände von Arzneimitteln, die Mensch und Tier verabreicht werden, sind in erheblichen Konzentrationen im Abwasser nachweisbar. Sie sind toxisch, mutagen und tragen zur Resistenz mikrobiotisch identifizierter Keime bei, mit der Folge, dass Antibiotika bei schweren Krankheiten oft keinen Schutz mehr bieten. Umwelttoxisch sind auch viele industrielle und landwirtschaftliche Einträge in Abwasser. Grund- und Oberflächenwasser ist häufig kontaminiert. Trotz Fortschritten beim Filtern kommt es unvermeidlich zu gefährlichen Anreicherungen im Trinkwasser. Die Einsicht wächst, dass es zum Wasserschutz effektiverer Vermeidungsstrategien bedarf.

Susanne Finsterer

# Wasserversorgung und Abwasser.
## Ausgewählte historische und internationale Beispiele

Inhalt



### 1 Einleitung

Es befindet sich „gutes Wasser nicht immer an der Stelle, an der es verzehrt werden" soll, wie Karl Wolfgang Evers erinnert. Grabungen, Bohrungen (Brunnen), Regenwasser und Wasserleitungen sollen Abhilfe schaffen. „Die ältesten Wasserleitungen, die um 3500 v. Chr. entstanden, wurden im Euphrattal entdeckt. Es handelt sich dabei um offene Halbschalen aus gebranntem Ton. Tausend Jahre später waren im Industal erstmals Wasserleitungsrohre aus gebranntem Ton verlegt worden. Bald danach gab es die ersten Wasserleitungen aus Kupferblech. ... Der erste Aquädukt wurde im 7. Jh. v. Chr. von den Assyrern zur Wasserversorgung von Ninive erbaut. Hölzerne Rohrleitungen wurden in Europa ab etwa 300 v. Chr. eingesetzt. Hierzu wurden Baumstämme ... ausgehöhlt." (Evers 2009, S. 150) Für die Versorgung Kölns mit Eifelwasser setzten die Römer Gussbeton ein. Römische Verteilernetze in Innenstädten bestanden meistens aus Blei – eine Tradition, die in Deutschland bis vor etwa 70 Jahren andauerte. (S. 151)

Die Materialien des Leitungssystems verändern die Qualität des Trinkwassers. Die Fragen, ob und inwieweit gesundheitliche Bedenken zu berücksichtigen sind, spielen in den letzten Jahren eine zunehmende Rolle. Über chemische Aspekte hinaus geht es dabei um mikrobiologische Einflüsse. „Unter bestimmten Bedingungen setzen sich in den Wasserleitungen auf den Werkstoffen Mikroorganismen fest und bilden dort flächendeckend einen sogenannten Biofilm. Bei Biofilmen handelt es sich um eine festsitzende Gemeinschaft von Zellen, die in Schleim eingebettet sind. Bei den Schleimen handelt es sich um Hydrogel, bestehend aus polymeren Substanzen, die von den Bakterien außerhalb der Zellen gebildet werden ... In den Leitungssystemen der öffentlichen Wasserversorgung sind die Biofilme nur schwach ausgestaltet, da das Nährstoffangebot durch das Trinkwasser zumeist sehr gering ist." Evers 2009, S. 153) Bei Hausinstallationen verhält sich das anders: „Hier können insbesondere ungeeignete Materialien wie z. B. weichmacherhaltige Kunststoffe das Nährstoffangebot für Bakterien stark erhöhen. So entwickeln sich z. B. in Schläuchen von Duschen in Badezimmern nicht selten eindrucksvolle Beläge. Auch in Filtersystemen können sich allmählich umfangreiche Biofilme bilden und z. B. Umkehrosmosemembranen verstopfen." (S. 154)

Karl Wolfgang Evers hat als Naturwissenschaftler und später Ministerialbeamter Theorie und Praxis der Lebensmittelhygiene im In- und Ausland auf vielfältige Weise und über viele Jahre zusammenzuführen gewusst. Umso gewichtiger ist, was er über Kräuterteeaufgüsse, einen offensichtlich zur Zeit verbreiteten Trinkgenuss, dokumentiert:

„In der Stellungnahme Nr. 045/2005 des Bundesamtes für Risikobewertung (BfR) vom 13. September 2005 „Temperierte Heißwasserspender für Kräuterteeaufgüsse nicht geeignet" wird auf gesundheitliche Gefahren für Säuglinge, Kleinkinder und Kranke bei der unsachgemäßen Herstellung von Kräutertees aufmerksam gemacht. Werden Kräutertees mit 80-85 °C temperiertem Wasser aus Heißwasserspendern aufgegossen, so werden die eventuell in den Kräutertees enthaltenen Keime wie z. B. Salmonellen nicht abgetötet. Darüber hinaus können sich in den Heißwasserspendern in besonderen Fällen Keime vermehren und in die zubereiteten Kräutertees gelangen. Zwar wird in den wasserführenden Teilen der Heißwasserspender die Keimflora durch das auf 90 °C erhitzte und bei 80-85 °C über längere Zeit heiß gehaltene Wasser inaktiviert, jedoch hängt die Wirksamkeit der Hitzeeinwirkung in erheblichem Maß vom hygienischen Zustand der wasserführenden Bauteile ab. Die Hitzeeinwirkung kann unwirksam werden, wenn sich ein sogenannter Biofilm bildet und damit die Bedingungen für die Resistenz der Keime günstig sind. Daher ist eine regelmäßige Wartung, Reinigung und Desinfektion der wasserführenden Teile eine wesentliche Voraussetzung für eine wirksame Abtötung der Keime durch Hitzeeinwirkung." (Evers 2009, S. 155)

Entsprechendes - muss wohl ergänzt werden - trifft auch auf Kaffeemaschinen zu, die derzeitig in großer Zahl privat und gewerblich zum Einsatz kommen.

Die Materialien der Leitungssysteme haben also einen großen Einfluss auf die Gesundheit der Wassernutzer.

Welche mittelfristigen Ziele für die Wasserver- und -entsorgung in Deutschland dienen einer nachhaltigen Entwicklung?
Heutzutage als Defizite erkannte Tatbestände sind insbesondere: das Vermischen des Wassers mit Nähr- und Schadstoffen, die eingeschränkten Verwertungsmöglichkeiten dieser Stoffgruppen sowie der hohe Energie- und Rohstoffbedarf für Installation, Instandhaltung und Betrieb des Systems." (Umweltbundesamt Hrsg. 2001, S. 169)
Es mag überraschen, dass erst seit 1989 in Deutschland das Einleiten von Phosphor in Gewässer berücksichtigt wird. Stickstoff und Phosphor finden sich ab 1989 im Abwasserabgabengesetz (Bili 1996, S. 2) Wenn, wie Vassiliki Bili vermutet hat, keine „grundlegend neuen Technologien im Bereich der kommunalen Abwasserentsorgung zur Verfügung stehen", folgt daraus, dass „die mechanisch-biologischen Behandlungsverfahren unter Ausnutzung der neuesten Erkenntnisse über die biokinetischen und chemischen Zusammenhänge bei den Abbauprozessen der Abwasserreinigung zu optimieren und um weitere Verfahrensschritte zu ergänzen sind." (S. 5)

## 2 Wasserversorgung und Abwasserreinigung. Fallbeispiele Zürich, München, Berlin

In großen europäischen Städten führten erst als gravierend erkannte Mängel in der Wasserentsorgung zu entscheidenden Verbesserungen der Wasserversorgung.
Hygienische Erfahrungen früherer Zeiten schienen verlorengegangen zu sein, als im 12. Jahrhundert in Paris Straßen ohne Pflaster mit Urin verschmutzt waren und es keinen Abfluss häuslicher Abwässer gab. (Vereinigung für Abwasser ... 1999, S. 12)
In England erbrachte eine Untersuchung in den Jahren 1840-1843 aus 50 Städten gemeinsame Befunde über den Zusammenhang zwischen öffentlicher Hygiene (mangelhafte Kanalisation) und Säuglingssterblichkeit. (S. 14)
Die Entwicklungen in den Städten Zürich, München und Berlin zeigen wesentliche Parallelen in der Entwicklung eines öffentlichen Bewußtseins über Fragen der Hygiene.

### Zürich

Die Zürcher Ärzteschaft äußerte sich Mitte des 19. Jahrhunderts aufgrund gesundheitlicher Auswirkungen sehr kritisch und anfangs mit geringem Erfolg zu dem Thema Abwasser und Beseitigung von Fäkalien. Mit Bautechnikern und Ingenieuren wurden Vorschläge zum Abtransport erarbeitet. Der Stadtrat erlaubte 1863 dem Unternehmer Paur, „mit Pumpen private Jauchetröge abzusaugen." (Illi 1987, S. 77) Nachdem Arbeiter den Bodensatz der Gruben eimerweise ausgeschöpft hatten, erfolgte der Abtransport aus der Stadt zum Verkauf an Landwirte der Umgebung. (S. 78) 1885 verbietet Zürich „das Urinieren und Defäzieren entlang der Häuserfronten,

an Hausecken und entlang von Zäunen und Mauern". (Illi 1987, S. 109) Im öffentlichen Stadtraum gibt es einen Ausbau der Kanalisation und „Schneckenpissoirs". (S. 109) 1894 rückt der Aspekt einer Verunreinigung in den Hintergrund zugunsten des Verbotes, (dabei) Körperteile zu entblößen. (S. 110) Menschen aus ländlichen Gegenden weigerten sich, auf Klosetts zu sitzen, weil sie das früher auf Feld und Hof sowie in den Ställen auch nicht gewohnt waren. Stattdessen wollten sie, wie seinerzeit ebenfalls in Italien, auf Abtritten stehen. „Reinlichkeit in öffentlichen Abtritten war nicht ohne weiteres durchzusetzen." (Illi 1987, S. 111) Eine kantonale Gewässerschutzverordnung verbot 1881 schwerwiegende Verunreinigungen des Abwassers und die Einleitung in öffentliche Gewässer. Dazu zählten neben Kehricht ungeklärte Fabrikabwässer und Stoffe, die für Mensch und Tier eine Gefahr darstellten. Als Wissenszweig der Hygienelehre entwickelte sich die Bakteriologie. 1890 untersuchte der Arzt Carl Schlatter eine Gewässerprobe. (S. 113)
Es fand also in Zürich wie in anderen Städten Europas eine ähnliche Entwicklung statt, die zur Verbesserung der Hygiene und Gesundheit durch den Ausbau der Wasserver- und -entsorgung führte.

München
Dem Fallbeispiel München widmet sich Peter Münch mit „Stadthygiene im 19. und 20. Jahrhundert. Die Wasserversorgung, Abwasser- und Abfallbeseitigung unter besonderer Berücksichtigung Münchens". Die Situation der Stadthygiene verbesserte sich – wie anderswo- durch die Cholera, hier aufgrund der Epidemie 1836/37. Der Münchener Arzt A. F. Spring erkannte Zusammenhänge zwischen „Brechruhr" und Wohnsituation. (Münch 1993, S. 127) Eine weitere Choleraepidemie 1854 mobilisierte den Arzt und Apotheker Max von Pettenkofer, der 1865 den ersten Lehrstuhl für Hygiene an einer deutschen Hochschule und 1879 das Institut für Hygiene und Mikrobiologie (!) in München bekam. Als vordringlich erachtete es Pettenkofer, den Boden reinzuhalten und die Abortgruben entscheidend zu verbessern. War Münchens Altstadt inzwischen teilweise kanalisiert, hatten neue Stadtteile lediglich Straßengräben für Haus- und Regenwasser. (S. 128-129) Der Bauingenieur Arnold Zenetti half dem seit 1862 ab.
Die Trinkwasserversorgung erfolgte weitgehend über (oft unhygienische) Brunnen. Im Jahre 1874 begann die Projektierung einer zentralen Versorgung mit Trinkwasser. (S. 130-133) Zu dieser Zeit hatte München bereits die dritte Choleraepidemie erlebt und galt unter Beamten und Studenten als Typhusstadt, die man zu meiden suchte. (Münch 1993, S. 134-135) Der königliche Medizinalrat Wolfsteiner führte 40 % der Münchener Todesfälle auf mangelhafte sanitäre Verhältnisse zurück. (S. 136) Die noch immer vorherrschenden Hausbrunnen stellten offenbar eine Gefahr dar.

Vor allem auf Pettenkofer wird heutzutage Münchens „vorsorgendes Stadthygiene-Konzept“ zurückgeführt. (Münch 1993, S. 138-139) Die Zeit ging vorbei, wo lediglich auf Mißstände reagiert wurde. Tatsächlich sank die Zahl der Typhuserkrankungen deutlich und es gab keine Choleraepidemie mehr. (S. 140)

Berlin

Die Berliner Kanalisation entstand im Wesentlichen zwischen 1873-1893. Abwasser wurde über Rinnsteine abgeleitet. Der Geheime Oberbaurat Dr. Crelle forderte 1842 in einem Vortrag an der Akademie der Wissenschaften, den Bau von Wasserleitungen mit unterirdischen Entwässerungskanälen zu verbinden. (Bärthel 2003, S. 15-19) Unter Einfluss von Rudolf Virchow beschließen Magistrat und Stadtverordnete 1867, in Berlin die Kanalisation zu errichten. (S. 22) Die Hauptgründe waren im Wesentlichen dieselben wie in Zürich und München, nämlich gesundheitliche.

Cholera-Epidemien waren unvermeidlich angesichts der fehlenden Kanalisation und ohne öffentliche zentrale Wasserversorgung. Eine große Zahl von Haus- und Straßenbrunnen lieferte in Berlin Trink- und Brauchwasser. (Kießhauer 1997, S. 6) Die sprunghaft ansteigende Bevölkerungszahl infolge der Industrialisierung brachte unhaltbare hygienische Zustände. Im Jahre 1852 boten Fox und Cramton, englische Unternehmer, ein Projekt an, das die Stadt über Pumpen mit fließendem Wasser versorgen sollte. Es war der Beginn einer stürmischen Entwicklung, zu der auch die Nutzung des Müggelsees gehörte.

Sehr viel später, nach Ende des Zweiten Weltkrieges, kam es zu Krisen bei der Wasserver- und -entsorgung der westlichen Stadtteile, denn es verschlechterten sich die Ost-West-Beziehungen drastisch. Am 24. Juni 1948 sperrte die sowjetische Besatzungsmacht alle Land- und Wasserwege nach West-Berlin und unterbrach dort die Versorgung mit Strom für mehr als 2 Millionen Einwohner und Flüchtlinge. Diese Blockade war einer „der brutalsten Versuche in der neueren Geschichte, eine Massenaushungerung als politisches Druckmittel zu benutzen“. (Bärthel 2003, S. 173) Aber letztendlich stellten sich gemeinsame Bemühungen um die Bedürfnisse der Menschen in beiden politischen Systemen als unumgänglich heraus. Klärwerke ersetzten nach und nach die Rieselfelder, Sickerbecken für die oberirdische Ableitung des Regenwassers blieben weiter genutzt, und es bewährte sich, „dass sowohl die Hauptnetze der Wasserversorgung wie auch die der Abwasserentsorgung – Kanäle und Druckrohre – ehemals für ein ungeteiltes Stadtgefüge entstanden waren und es speziell bei den Abwassernetzen nie eine vollständige Trennung gegeben hat. Sie wäre technisch zu kompliziert und aufwändig gewesen.“ (S. 243)

Die Wasserversorgung in München und Berlin ist natürlich im Rahmen der politischen Situation in Deutschland zu sehen.

Ebenso wie Abwasser bedeutet Wasserversorgung grundsätzlich Abhängigkeit, und zwar von gesellschaftlichen, also auch rechtlichen sowie technologischen und anderen, heutzutage fachwissenschaftlichen Rahmenbedingungen. Im Fall von Quellwasser, natürlich oder künstlich erschlossen, dürfen in Deutschland bei der Aufbereitung „nur die für natürliche Mineralwässer zugelassenen Verfahren angewendet werden." (Evers 2009, S. 361) Quellwasser bedarf bei seiner Vermarktung „keiner amtlichen Anerkennung und Nutzungsgenehmigung". (S. 361)

Die öffentliche Wasserversorgung in Deutschland obliegt seit 1949 – aufgrund der Selbstverwaltungsgarantie des Art. 28 Abs. 2 Grundgesetz – den Städten und Gemeinden. Das bedeutet, die Kommunen haben das Recht, „die Wasserversorgung sowie ihre Verwaltungsorganisation grundsätzlich frei zu regeln. Sie haben also die Wahl, ob sie die Wasserversorgung öffentlichrechtlich oder privatrechtlich gestalten und in welcher Form dies geschieht: Sie können die Versorgung formell und – soweit das jeweilige Landesrecht dies zulässt – auch materiell privatisieren ... Bei einer formellen Privatisierung wird das kommunale Unternehmen in eine private Rechtsform überführt, es verbleibt aber im Eigentum der Gemeinde. Dagegen wird bei einer materiellen Privatisierung das kommunale Unternehmen an einen Privaten verkauft". (Umweltbundesamt Hrsg. 2001, S. 47) Den Ort für Wasserleitungen bestimmt die Gemeinde aufgrund ihrer „Hoheit über das kommunale Wegenetz". (S. 47) Einschränkungen unterliegt das kommunale Selbstverwaltungsrecht durch Gesetze von Bund und Bundesland sowie die Verfassung. (Umweltbundesamt Hrsg. 2001, S. 48) Wasserrechtlich hat der Bund lediglich eine Rahmengesetzgebungskompetenz. (S. 56) Nur wenn dies vertraglich bestimmt ist, kann eine Gemeinde in Deutschland, die ihre Versorgung mit Wasser privatisiert hat, „Einfluss auf die spätere Tätigkeit des privaten Versorgers nehmen". Entscheidend ist die Vertragsgestaltung. (Umweltbundesamt Hrsg. 2001, S. 57)

Es sind Interessenunterschiede deutlich geworden und offene Konflikte entstanden „zwischen den großen privaten Versorgungsunternehmen und den zahlreichen kleinen und mittleren oftmals öffentlichen Wasserversorgungsbetrieben". (S. 199-200) Aus der Sicht des Umweltbundesamtes ist dabei entscheidend, „dass eine Verbesserung der wirtschaftlichen Leistungserbringung nicht zu Lasten der Versorgungsqualität und des Umwelt- und Ressourcenschutzes geht und die kommunalen Einflussmöglichkeiten insbesondere bei Fragen des Umwelt- und Ressourcenschutzes gewahrt bleiben." (Umweltbundesamt Hrsg. 2001, S. 200)

## 3 Rieselfelder und Deponien

### Rieselfelder

Im weiteren Umfeld Berlins und in Berlin-Gatow entstanden über einen Zeitraum von 100 Jahren Rieselfelder, wo Abwässer verrieselt wurden, zu deren Grundwasserbelastung bis etwa 1992 keine gesicherten Daten vorlagen. (Landesumweltamt Brandenburg 1996, S. 4) Für die Rieselfelder südlich Berlins galt ab 1983, dass die Verrieselung allmählich aufhören sollte, mit der Folge, dass vorübergehend die gleiche Menge Abwasser auf nur ein Drittel der Fläche verbracht wurde. (S. 12)

Nach 1990 gehörte eine veränderte Rechtslage ebenso zu den Rahmenbedingungen umweltpolitischer Entscheidungen wie Nutzungsinteressen von Landkreisen und Gemeinden in teilweiser Konkurrenz zu Belangen des Grundwasserschutzes und dem Bestreben, mögliche Altlasten in Boden und im Wasser zu bewältigen. (Landesumweltamt Brandenburg 1996, S. 12) Einen Schwerpunkt der Aufmerksamkeit stellten Schwermetallbelastungen dar.

Bereits 1995 hat das Landesumweltamt Brandenburg in Potsdam über die Rieselfelder Brandenburg – Berlin berichten lassen. Einige Schwerpunkte werden hier kurz vorgestellt:

Bereits seit Ende des 19. Jahrhunderts „verrieselte Berlin ... seine häuslichen und gewerblichen Abwässer auf Flächen im Berliner Umland. Dies geschah mittels eines von Pumpen unterstützten Leitungsradialsystems“ ab 1878. Angesichts der städtischen Bevölkerungszunahme sollten die Abwässer aus dem Wohnbereich entfernt und landwirtschaftlich verwertet werden. (Schmidt 1995, S. 4) Bis 1905 kaufte Berlin in Stadtrandnähe 14 Güter mit rund 22.000 ha. Etwa 50 % der Fläche wurde landwirtschaftlich verpachtet (Gemüse, Obst). (S. 4)

In einem Zeitraum von ungefähr 100 Jahren reicherten sich Nähr- und Schadstoffe im Boden an und das Grundwasser wurde – aus heutiger Sicht - kontaminiert. Nach Ansicht von Michael Schmidt, Brandenburgische Technische Universität Cottbus, ist eine Risikoabschätzung notwendig, bevor eine Nachnutzung der ehemaligen Rieselfelder als Freizeit- und Erholungsflächen stattfindet. (Schmidt 1995, S. 4) Humantoxikologisch ist zu beachten, ob eine orale (Verschlucken), inhalative (Einatmen) oder dermale (durch die Haut) Aufnahme von Schadstoffen aus dem Boden gesundheitliche Risiken birgt. Als wichtig erachtet es Michael Schmidt deshalb, die Vegetationsdecke intakt zu halten. „Freizeitaktivitäten, die zu einer Zerstörung derselben und damit verbundenen Bodenverwehungen und Aufschleudern von Bodenmaterial führen können, (sind) ohne vorherige Untersuchung und Behandlung kontaminierter Flächen abzulehnen. Insbesondere ist eine Nutzung wie z. B. eventuelle Querfeldeinbefahrung durch Mountainbikes oder motorisierter Fahrzeuge auszuschließen. Ebenso sollten keine stationären Einrichtungen mit einer intensiven Nutzung wie z. B. Trimm-Dich-Pfade eingerichtet werden. Eine mögliche extensive Erholungsnutzung der Rieselfeldflächen besteht in der Ausweisung von Fahrrad- und Spazierwegen". (Schmidt, 1995, S. 5-6) Die ehemaligen Rieselfelder sind „Bodenbelastungsgebiete". (S. 9)

Zum Zeitpunkt der Fachtagung, Februar 1995, waren die Rieselfelder südlich Berlins „als Vorbehaltsgebiete der Wasserwirtschaft einstweilig gesichert" und bei nicht mehr genutzten Rieselfeldern wäre eventuell eine Gefährdungsmöglichkeit durch stoffliche Belastungen zu prüfen. (Schmidt 1995, S. 10) Zum Zwecke landschaftsbezogener Erholung „zeichnen sich Rieselfelder als wesentlicher Bestandteil des Entwicklungsraums Regionalparke im engeren Verflechtungsraum Berlin - Brandenburg aus. – Rieselfelder als historische Kulturlandschaften können der kommunalen Satzung als „geschützte Landschaftsbestandteile" oder über selbständige Grünordnungspläne gesichert werden. Soweit die Gemeinde Ausgleichs- und Ersatzmaßnahmen im Rahmen der naturschutzrechtlichen Eingriffsregelung trifft, besteht die Möglichkeit, Maßnahmen zum Schutz und zur Pflege von Rieselfeldern im Bebauungsplan festzusetzen." (S. 10) Entsprechendes gilt prinzipiell auch für das Ehemals als Rieselfeld genutzte, weitläufige Berliner Stadtgebiet in Spandau, der Karolinenhöhe in Gatow (früher West-Berlin), über die ein weiterer Experte, Hans-Peter Blume, Universität Kiel, eine „Ökosystemare Beschreibung" vorgelegt hat, bei der er sich unter anderem auf frühere Untersuchungen der Technischen Universität Berlin, Institut für Ökologie, beruft. Die Rieselparzellen dienten dort zeitweilig als Grünland und der Aussaat von Wintergetreide, Sommergetreide, Kartoffeln und Rüben. „Häusliche Abwässer und Straßenabflüsse Charlottenburgs" wurden zwischen den beiden Kriegen verrieselt, in relativ geringer Menge auch Industrieabwässer. (Blume 1995, S. 11)

Zu den „nutzungsspezifisch ausgeprägten Bodenverunreinigungen" der ehemaligen Rieselfelder in und um Berlin bemerkt Werner Kratz, Freie Universität Berlin, dass dieser von ihm als historisches bzw. klassisches Beispiel der „Abwasserlandbehandlung" betrachtete Fall einen Umfang von mehr als zwei Drittel der im vorigen Jahrhundert in Deutschland verrieselten Flächen hatte. (Kratz 1995, S. 27) Die Folgen langjährigen Ansammelns von anthropogenen Schadstoffen im Boden, die kommunaler und industrieller Herkunft sind, stellen „ein großes human- und ökotoxikologisches Gefährdungspotential dar". (S. 27) „Die Besonderheit dieser wasserwirtschaftlichen Bodennutzung liegt im intensiven Prägen und Beanspruchen der Filter-, Speicher- und Entsorgungsfunktion des Bodens, des Untergrundes und des Grundwassers und in der damit einhergehenden Schadstoffanreicherung im Boden, der Eutrophierung von angrenzenden Oberflächengewässern und in der Kontamination des Grundwassers". (Kratz 1995, S. 27)

Die humantoxikologischen Bedenken zur Nachnutzung von ehemaligen Rieselfeldern, die Michael Schmidt, Technische Universität Cottbus, wie oben geschildert, vorgetragen hat, nämlich ein „Aufschleudern von Bodenmaterial" in diesen Belastungsgebieten (siehe Michael Schmidt 1995, S. 5-6) zugunsten einer unbedingten Bewahrung der geschlossenen Vegetationsdecke zu vermeiden, teilt Thomas Eikmann, Universität Giessen: Die Nachnutzung ist nur dann weniger problematisch, „wenn der Kontakt zum Boden z. B. durch eine feste Vegetationsdecke oder anderweitig auf Dauer unterbunden ist." (Eikmann 1995, S. 42) Auf „Sanierungs- und Sicherungsmaßnahmen" kann dann im Fall künftiger Nutzung in der „Forstwirtschaft oder als Parkanlage" verzichtet werden. (Eikmann 1995, S. 42)
Aufgrund unterschiedlicher organischer Schadstoffbelastungen und solcher mit Schwermetallen (wie Chrom, Zink) ergibt sich nach Einschätzung der Gutachter Renger, Hoffmann und Schlenther, Technische Universität Berlin, ein mehrjähriges „Boden- und Grundwassermonitoring ... bei dem die Veränderungen wichtiger schadstoffrelevanter Bodeneigenschaften zu verfolgen sind". ( Renger u. a. 1995, S. 40)
Das Landesumweltamt Brandenburg hat den „Bericht des Wissenschaftlich-technischen Beirates Rieselfelder (WTB) vom Dezember 1995" publiziert, aus dem hier einige Schwerpunkte herausgehoben werden:
Der Beirat hat sich in einem breiten gesellschaftlichen Interessenspektrum, zwischen toxischen Risiken und erhofften Nachnutzungen früherer Rieselfelder, wissenschaftlich positioniert: „Rieselfelder stellen durch heterogene Bodenbelastung mit organischen und mineralischen Schadstoffen eine potentielle Gefahr für den unkontrollierten Eintrag von toxischen Elementen in die Nahrungskette des Menschen und des Naturhaushaltes dar. Traditionelle landwirtschaftliche Nutzungen mit Futtermittelproduktion und Nahrungspflanzen sind deshalb abzulehnen. Andererseits ist das Offenhalten zusammenhängender Teile ausgedehnter Freiflächen im Stadtumland für die Verbesserung und Stabilisierung des gestörten Stadtklimas und verschiedene Nutzungsfunktionen auf Grünflächen langfristig nur über kontrollierte und ökologisch begründete und damit u. a. auch landwirtschaftliche Nutzungsformen finanzierbar. Dabei wird die Erhaltung und Pflege der Freiflächen, der Wirtschaftswege und Gewässerschutzstreifen mit der Bewirtschaftung bzw. zusätzlich aber kostengünstiger als in städtischen Parkanlagen ausgeführt." (Landesumweltamt Brandenburg (Hrsg.) 1995, S.106) Der Beirat stellt landwirtschaftliche Nutzungsvarianten vor, die sich auf Schwermetallbelastungen beziehen, in Anbetracht von Wissensdefiziten nicht auf einen Schadstofftransfer Boden – Tier – Mensch. (S. 107) Eine Nutzungsänderung ehemaliger Rieselfelder im Rahmen von Aufforstung hat „nachhaltige und teilweise schwer prognostizierbare Folgen für Böden, Grundwasser, Stoffhaushalt und Land-

schaft". (Landesumweltamt Brandenburg (Hrsg.)1995, S. 110) Für eine grundsätzlich mögliche Aufforstung nennt der Beirat mehrere Baumarten und vermerkt Hinweise zur Pflege und Feuchthaltung. (S. 111) Das Umweltbundesamt, Institut für Wasser-, Boden- und Lufthygiene, betrachtet „weite Teile" ehemaliger Rieselfelder als „eine ernstzunehmende Gewässer- und Bodenbelastung". (Landesumweltamt Brandenburg (Hrsg.) 1995, S. 112) In überschaubarer Zukunft „sollte" auf „landwirtschaftlichen Flächen ... keine Nahrungsmittelproduktion erfolgen, der Anbau von Energie-, Rohstoff- und Futtermitteln nur auf gering belasteten Flächen. (S. 113) Weiteren Zersiedlungstendenzen im Umland von Berlin kann durch den Status eines Regionalparks begegnet werden. S. 113)

Insgesamt bedarf es einer fortzuschreibenden, systematischen Bewertung aller ehemaligen Rieselfelder in Bezug auf mögliche Gefährdungen von Grundwasser und Oberflächengewässer. (Landesumweltamt Brandenburg (Hrsg.) 1995, S. 114)

Soweit „Abwasserverregnung und andere Bewässerungstechniken, welche mit kontaminierten Wässern arbeiten," aktuell stattfinden, äußern sich Konrad Botzenhart und Michael Seidel aus wasservirologischer Sicht sehr kritisch: es „können landwirtschaftliche Erzeugnisse mit enteralen Viren kontaminiert werden. Bei der Verregnung ... können viruskontaminierte Aerosole entstehen." (Botzenhart / Seidel 2010. S. 414-415)

Deponien

Mit dem Abfallbeseitigungsgesetz 1972 begann in der Bundesrepublik Deutschland eine Zeit entscheidender Veränderungen, die neue Verfahren zur Deponiesickerwasserreinigung hervorbrachten. (Kettern 1990, S. 1) Statt 50.000 „wilder Kippen" gab es 1986 noch 365 „geordnete Zentraldeponien", deren Standort allerdings dringend einer künstlichen Abdichtung gegen Grund- und Oberflächenwasser sowie des Bodenschutzes bedurfte, um diese nicht mit gefährlichen Schadstoffen zu kontaminieren. Die Folge war, dass nun zu behandelndes Deponiesickerwasser anfiel. „Die Tatsache, daß Umweltschutzmaßnahmen Folgeprobleme mit sich bringen, findet man auch bei der konventionellen Abwasserreinigung und der Rauchgasreinigung. Verbesserte Reinigungsmaßnahmen des Abwassers und der Luft haben einen erhöhten Schlammanfall bzw. Flugstaubanfall mit der Notwendigkeit einer emissionsneutralen Entsorgung dieser Reststoffe zur Folge." (Kettern 1990, S. 1) Jürgen Kettern meint, Sickerwässer würden immer anfallen, wenn auch in unterschiedlicher Zusammensetzung. (S. 1) Wie bereits 1969 festgestellt, entsprach seinerzeit „die Müllabfuhr zu einer ungeordnet betriebenen Müllkippe" abwassertechnisch betrachtet „einer Abwasserkanalisation ..., der die Kläranlage fehlt". (Kettern 1990, S. 1) Heute hat niemand einen Überblick über die umweltrelevanten Stoffe auf den Altdeponien. „Sind diese Stoffe erst einmal in die Umwelt entlassen, so ist ihr Verbleib nicht mehr kontrollierbar. Selbst wenn sie in großen Verdünnungen emittiert werden, können auf dem Weg der Bioakkumulation auch für den Menschen gesundheitsschädliche Konzentrationen entstehen. ... Das aus dem Deponiekörper austretende Sickerwasser ist mit diesen aus dem Abfall stammenden organischen und anorganischen Inhaltsstoffen kontaminiert." (S. 2) Darunter befinden sich „adsorbierbare organische Halogenverbindungen", die zu den als gefährlich geltenden Stoffen gehören. (Kettern 1990, S. 2) Die Entsorgung von Deponiesickerwasser hat eine hohe Dringlichkeit.

4 Nachhaltiger Wasserkreislauf und die begrenzte Wirkung mikrobieller Filtersysteme

Weil sich der Ausdruck „ökologisch" zu einem teilweise falschen Etikett entwickelte, bedurfte es – nach Ansicht von Jörg Lange und Ralf Otterpohl – neuer Begrifflichkeit. „Nachhaltigkeit" fand in der Mitte der 80er Jahre „Eingang in die umweltpolitische Diskussion vieler Länder" und gelang „seit der UN-Konferenz in Rio 1992 zu weltweiter Bedeutung". (Lange / Otterpohl 2000, S. 201) Aber auch über diesen Begriff entwickelten sich sehr verschiedene Ansichten, was darunter zu verstehen sei. „Zum ersten Mal tauchte der Ausdruck im Zeitalter der Aufklärung auf, einer Zeit, in der die Menschen begannen, sich aktiv mit der Gestaltung ihrer Zukunft auseinanderzusetzen. So lässt sich als kleinster gemeinsamer Nenner aller Begriffsverwendungen von „Nachhaltigkeit" oder „Sustainability" bis heute nur der zeitliche Bezug zur Zukunft festmachen." (S. 201) Aus ökonomischen Diskussionen und über die Forstwirtschaft entwickelten sich weitere Inhalte, nämlich ökologische, soziale, zeitliche und räumliche. (Lange / Otterpohl 2000, S. 201) Zur Nachhaltigkeit in der Wasserwirtschaft gehört nach Ansicht von Lange und Otterpohl eine „Kreislaufwirtschaft (Vermeiden vor Verwerten vor Deponieren)" anstelle der heutigen „Stoffdurchflusswirtschaft". (S. 29) Als Anwendungsbeispiel dienen Aquakulturen im Sinne von „Produktion von Nahrungs- oder Futtermittel in aquatischen Systemen", deren spezifische Gestaltung zu erläutern den Rahmen des vorliegenden Beitrages überschreiten würde. (Vgl. Lange / Otterpohl 2000, S. 226 ff.)

Die Möglichkeit, dass infolge schärferer Umweltgesetze „die heute übliche Wassernutzung im Durchlauf eingestellt werden" muss, erwog das Ministerium für Ernährung, Landwirtschaft und Forsten immerhin 1994 in dem Bericht „Die Binnenfischerei Brandenburgs im Spannungsfeld zwischen Ökologie und Ökonomie sowie Schlußfolgerungen für die Fischereiforschung": „Man müßte dann zu geschlossenen Kreislaufanlagen übergehen, bei denen die Gewässerbelastung um 1 bis 2 Zehnerpotenzen geringer ist. Kreislaufanlagen sind standortunabhängig und gestatten die Entwicklung einer Fischzuchtindustrie. Unter den heutigen Bedingungen können sie allerdings nur in Ausnahmefällen gegen die Durchlaufanlagen konkurrieren. Sie können auch künftig nur dann Bedeutung erlangen, wenn es europaweit und möglichst auch global zu einer harmonisierten Umweltpolitik kommt. Ansonsten wird die Intensivfischproduktion in Länder mit geringeren ökologischen Restriktionen verlagert werden und aus Deutschland verschwinden." (Ministerium für Ernährung ... 1994, Leitsätze)

Andreas N. Grohmann plädiert wie folgt: „Eine wirkungsvolle – nachhaltige – Wasserwirtschaft in einer dicht besiedelten Region muss auf dem Prinzip des Kreislaufs des Wassers beruhen." (Grohmann 2010, S. 10) Was hat Grohmann mit dieser Empfehlung zur Wasserbewirtschaftung gemeint? „Einerseits sollte nicht alles verfügbare Wasser direkt in der Landwirtschaft verwendet werden. Ein Teil kann ohne weiteres zunächst in den Siedlungen als Wasser für den menschlichen Gebrauch genutzt werden. Anschließend, nach entsprechender Reinigung, kann es an die Landwirtschaft in der Nähe der Städte abgegeben werden (Wiederverwendung von Wasser als ein Prinzip der nachhaltigen Wasserversorgung). ... Hier sind Belastung (Kontamination) und Reinigung integrale Bestandteile des Systems. ... Anthropogene Kontaminationen sind beim Kreislaufprinzip stets in geringen, gesundheitlich und ökologisch unbedenklichen Mengen, soweit sie technisch unvermeidlich sind, zulässig. (Grohmann 2010, S. 9-10)

Es bleiben kritische Fragen zu Anreicherungen (Radioaktivität, Bakterien, Viren), insbesondere zu mikrobiologischen Hygienestandards bei Lebensmitteln, die im Rahmen des Kreislaufprinzips produziert werden, sowie zu unterschiedlichen administrativen Fähigkeiten.

Forderungen oder Notwendigkeiten nach Wasserkreislaufwirtschaft stehen teilweise Erkenntnisse über mikrobiologische Wechselwirkungen und begrenzte Effektivität von Filtersystemen gegenüber. Beispielsweise berichtet der Biologe Frank Wernicke in seiner Dissertation über „Mikrobielle Antagonismen im Trinkwasserbereich" über hygienisch relevante Bakterien in Aktivkohlefiltern, deren gegenseitige Beeinflussung „zu einer Fehleinschätzung der mikrobiologisch-hygienischen Qualität von Trinkwasser führen." (Wernicke 1990, S. 161) Den „Einsatz von Aktivkohle in der kommunalen Abwasserreinigung" analysierte ebenfalls Ulrich Brendel unter Hinweis auf „Entwicklung und Eigenschaften von Biofilmen auf Aktivkohle". (Brendel 1997, S. 16 ff.) Dass die Filterprobleme in der Wasserreinigung nicht vollständig gelöst sind, zeigt auch Pavel Ivashechkin an seinem Dissertationsprojekt: „Das Beispiel Windhoek zeigt, dass auch durch die Kombination nachgeschalteter Behandlungsstufen keine vollständige Elimination organischer Spurenstoffe zu erwarten ist. In der Regel kann eine Teilelimination organischer Spurenstoffe auch ausreichen, wobei ein gewisses Risiko toleriert werden muss." (Ivashechkin 2006, S. 159)

Bereits im Grundwasser können sich teils erhebliche und von der Herkunft her schwer einschätzbare mikrobielle Unterschiede zeigen: Hütter verweist auf die Norm

„DIN 2000“ über „Zentrale Trinkwasserversorgung; Leitsätze für Anforderungen an Trinkwasser, Planung, Bau und Betrieb der Anlagen“. Hütter 1988, S. 409) Grundwasser, das sich in Spalten und Klüften, als in verhältnismäßig großen Hohlräumen bewegt (sogenanntes Kluftwasser) ist auch in großer Tiefe nicht immer mikrobiologisch einwandfrei. Kluftwasser kann über viele Kilometer mit Verschmutzungsstellen in Verbindung stehen, die äußerlich nicht als zum Einzugsgebiet gehörig angesehen werden.“ (S. 34)
Andere Fragen zur Wasserreinheit über chemische Gesichtspunkte hinaus können lauten: Gibt es nicht heute in Spanien Golfplätze, die mit Frischwasser begrünt sind? Wie kommt es immer wieder zu Landwirtschaftsprodukten mit teils bedenklichen mikrobiologischen Belastungen? Wie steht es mit Mikroorganismen bei dauerbelastetem Grundwasser? (Carlson / Seidel 2010, S. 323-324) Was unterscheidet eine wassertechnische Kreislaufwirtschaft von einer bloßen Wiederverwendung? Ist die Reihenfolge Trinkwasser / andere Verwendung beliebig umkehrbar? Ist Grauwasser-Recycling identisch mit Wasserkreislauf im Sinne von Grohmann?
„Vielerorts wird gereinigtes Abwasser für die landwirtschaftliche Bewässerung verwendet. Vorteilhaft ist dabei die Nutzung der im Abwasser enthaltenen Nährstoffe. Im industriellen Sektor sind Wassersparmaßnahmen aufgrund monetärer Vorteile sehr verbreitet ... Zur Senkung des Frischwasserverbrauchs bietet sich an, auch im urbanen Raum das Wasser mehrmals zu verwenden. Jede Art der Nutzung sowohl im Gebäude als auch im Außenbereich erfordert dabei eine definierte Betriebswasserqualität, um Gesundheitsrisiken zu vermeiden. Zu den üblichen innerstädtischen Anwendungen gehören: Toilettenspülung, Wäschewaschen, Klimatisierung, Bewässerung von privaten und öffentlichen Grünflächen sowie Autoreinigung und Löschwasserreserve ... Um eine sichere Wasser-Wiederverwendung im urbanen Raum zu gewährleisten, wurden in einigen Ländern Richtlinien oder Standards mit spezifischen Anforderungen an die Betriebswasserqualität festgelegt“. (Paris 2009, S. 14)
Eine Definition von „Grauwasser“ bietet Lutz Johnen, indem er sich der britischen Environmental Agency anschließt, die unter „Greywater“ lediglich das häusliche Abwasser vom Duschen, Baden und Händewaschen versteht. Küchenablaufwasser zählt in den Vereinigten Arabischen Emiraten ebenfalls dazu. Es gibt also keine international einheitliche Definition. Dies führt zu Akzeptanzproblemen. (Johnen 2009, S. 101-102)

Regenwasser

Die Entwicklung von Siedlungsgebieten verlangt, Dach- und Verkehrsflächen geordnet zu entwässern. Für Anja Grove und Franz-Peter Heidenreich ist „Ziel einer nachhaltigen Wasserwirtschaft, ... den natürlichen Wasserkreislauf in urbanen Gebieten wieder seinem Ursprungszustand vor der Bebauung anzunähern“. (Grove / Heiden-

reich 2009, S. 130) Die Schutzgüter Boden und Grundwasser sind potenziell gefährdet, wenn „Regenwasserabflüsse von befestigten Flächen, insbesondere von Metalldächern, Verkehrsflächen und industriell und gewerblich genutzten Flächen“ ungeprüft bzw. ausnahmslos ungereinigt unterirdisch versickern. (S. 130)
Bei Regenwasserabflüssen werden unbedenkliche, tolerierbare und nicht tolerierbare Abflüsse unterschieden. (S. 130)
Bei allen Unterschieden in ihren stofflichen Zusammensetzungen enthalten viele Regenwasserabflüsse wassergefährdende Inhaltsstoffe wie Blei, Kupfer, Zink, Cadmium und Kohlenwasserstoffe. (Grove / Heidenreich 2009, S. 130) Deshalb „sollte ein kompaktes, wartungsfreundliches und wirtschaftliches Reinigungssystem für belastete Regenabflüsse entwickelt werden“. (S. 131)
Im Rahmen einer vorgeschlagenen naturnahen Abwasserreinigung plädieren Grove / Heidenreich zugunsten dezentraler Anlagen für Raststätten an Autobahnen. (Grove / Heidenreich 2009, S. 164)

## 5 Internationale Praxis

Die Qualität von Trinkwasser unterscheidet sich meistens regional. Betriebs- und volkswirtschaftliche Überlegungen werden sofort deutlich, wenn der Bereich der Medizin in das Blickfeld gerät. Trinkwasserqualität wird außer nach optischem Eindruck, Geruch und Geschmack auch nach Schadstoffen, vielleicht bakterieller Art beurteilt. Die Datenlage ist uneinheitlich. (Schlüter 2006, S. 38) Als besonders besorgniserregend gilt die hygienische Situation in Ländern, die Thoralf Schlüter weiterhin als Entwicklungsländer tituliert. „Neben der oft schlechten Trinkwasserqualität gefährden in Entwicklungsländern, wenn überhaupt vorhanden, auch schlecht instand gehaltene und nicht gereinigte Sanitäreinrichtungen die vorhandenen Wasserversorgungssysteme. Gerade in urbanen Gebieten sind gemeinsam genutzte Toiletten oder Grubenlatrinen nicht wirklich geeignet. Der schlechte hygienische Zustand der Sanitäreinrichtungen und das Ausweichen der Bevölkerung auf Freiflächen ohne Anschluss an Kanalisationssysteme, haben häufig mit Krankheitserregern verunreinigte Brunnen und Quellen zur Folge.“ (S. 39) Die WHO-Richtwerte für Trinkwasserqualität sind nicht rechtsverbindlich und lediglich Grundlage nationaler Standards. (Schlüter 2006, S. 39)
Trotz der europäischen Trinkwasserrichtlinie variiert die Qualität des Trinkwassers in Europa beträchtlich. „Zum Beispiel ist die Wasserqualität in Italien hinsichtlich mikrobakterieller Verunreinigungen nicht immer unbedenklich“. (S. 40) In vielen Ländern „kann vor allem keine effektive Desinfektion in der städtischen Wasserversorgung erreicht werden.“ (Schlüter 2006, S. 40) Laut WHO/UNICEF zeigt sich, „dass in Afri-

ka, Asien und Lateinamerika ein Fünftel der städtischen Versorgungssysteme gar nicht desinfiziert werden.“ (S. 40)

Über internationale Ziele und Tendenzen in der Abwasserreinigung referierte Max Dohmann, und betonte am Beispiel Deutschland, dass neben Wasserversorgung und Hygiene nach dem 2. Weltkrieg weitere Gewässernutzungen wie Fischerei, Freizeit und Erholung an Bedeutung gewonnen haben. Infolge Überlegungen zum Umweltschutz „entstanden die umfangreichen technologischen Entwicklungen und Maßnahmen zur Nährstoffelimination bei der kommunalen und industriellen Abwasserbehandlung.“ (Dohmann 2001, S. 285) Die deutschen Erfahrungen sind seiner Ansicht nach nicht ohne weiteres auf andere Länder übertragbar, weil die örtlichen und regionalen Gegebenheiten (natürliche und technische Ressourcen) zu anderswo Unterschiede aufweisen. (S. 286) Auch die bis 2025 schätzungsweise zu erwartenden Wassernutzungen unterscheiden sich international. (Dohmann 2001, S. 287-288) Entsprechend differenziert sind die zu erwartenden Entwicklungen bei der Reinigung der Abwasser. (S. 289) Sollen technologische Entwicklungen aus Industrieländern exportiert werden, stellt sich oft die Frage, ob manuelle Arbeitsabläufe statt kapitalintensiver Anlagenautomatisierung möglich oder dringend erscheinen. Nach Einschätzung von Dohmann „wird in einigen Regionen der Erde die Abwasserreinigung einer der bedeutendsten Entwicklungsfaktoren für die Bevölkerung und die Industrie sein.“ (Dohmann 2001, S. 294)

Franz-Peter Heidenreich hebt als einige der aktuellen Unterthemen des internationalen Themas Abwasser folgende Beispiele hervor: „Kanalbetrieb, Kleinkläranlagen, Regenwasser, Membrantechnologie, Industrieabwasser, Fließgewässerentwicklung in der Landschaft und bei urbaner Nutzung, Arzneimittel und Endokrine Stoffe im Gewässer, Bodenschutz und Klärschlammnutzung“. (Heidenreich 2001, S. 387) Nicht zuletzt wegen der Qualität des Grundwassers bedarf es geeigneter Maßnahmen zum Gewässerschutz bei der Entwässerung von Siedlungen und der Reinigung der Abwässer. Der Anschlussgrad an öffentliche Kanalisationen war noch 1998 in östlichen und westlichen Bundesländern unterschiedlich. Anfallende Klärschlämme werden nicht ausschließlich in der Landwirtschaft verwendet, sondern thermisch oder mechanisch-biologisch vorbehandelt auf Deponien abgelagert. (Heidenreich 2001, S. 391)

Hermann H. Hahn berichtet über wasserwirtschaftliche Konsequenzen, insbesondere für den Umweltschutz, die sich aus EU-Beitritten ergeben. (Hahn 2001, S. 413 ff.) Aktuell unterschiedliche Qualitätsstandards treten bei grenzüberschreitenden Umweltbelastungen und Umwelttechnologien ebenso in den Vordergrund wie die jeweiligen Ver- und Entsorgungsinfrastrukturen. (S. 416) Bisherige Defizite in der Wasser-

und Umweltpolitik zu überwinden, ist das gemeinschaftliche Ziel von EU und Beitrittsländern.

Anja Grove und Franz-Peter Heidenreich widmen sich in einer Studie von 2009 innovativen Beispielen zu Gewässern, Wasser und Abwasser. Dazu zählen sie einige Projekte im Baltikum und bei Königsberg/Kaliningrad. Estland, Lettland und Litauen sind insgesamt von ungefähr 7,7 Millionen Menschen besiedelt. Der Bedarf „an effektiven, aber kostengünstigen Verfahren zur Abwasserreinigung" ist groß, weil „etwa 50 % der gesamten Abwassermenge unbehandelt in die Gewässer geleitet" wird. (Grove / Heidenreich 2009, S. 159) „Um die Abwassersituation zügig zu verbessern, ist es sinnvoll, dort, wo zentrale Anschlüsse nicht realisierbar sind, kleine, auf Mischwasserbehandlung ausgerichtete, energiesparende und wartungsfreundliche Kläranlagen zu errichten. Pflanzenkläranlagen sind im deutschsprachigen Raum für die Behandlung kommunaler Abwässer durch die Aufnahme in die einschlägigen technischen Regelwerke etabliert. Die Vorteile der Pflanzenkläranlagen, insbesondere die Kombination von Teichen und Bodenfiltern, nämlich die einfache und robuste Bauweise, der wirtschaftliche und wartungsfreundliche Betrieb sowie die langfristigen Zeiträume der Entschlammung legten deshalb auch den Einsatz im dünn besiedelten Raum des Baltikums nahe". (S. 159-160) Die Pflanzenkläranlagentechnik wurde in einer kommunalen Anlage demonstriert.

Die gleiche Funktion hat eine Pflanzenkläranlage in einem Fischerdorf am Kurischen Haff (Gebiet Königsberg/Kaliningrad, Enklave der Russischen Föderation). „Die Einleitung der meist nicht oder schlecht geklärten Abwässer in die Ostsee oder die angrenzenden Haffe verschlechtert nicht nur die Lage der Umwelt, sondern auch die der Fischerei und Erholung." (Grove / Heidenreich 2009, S. 162) Frühzeitig einbezogene Beteiligte vor Ort und deren Eigenleistungen (Bau und Betrieb) tragen zum Erfolg bei. „Notwendig für zukünftige erfolgreiche Projekte sind jedoch verbesserte Abläufe in der russischen Bürokratie und kompetente Verantwortliche vor Ort." (S. 164)

Die Gründe Chinas, Wasser wieder zu verwenden, haben sich aus dem Konflikt zwischen Wirtschaftswachstum und Umweltproblemen ergeben. (Chang 2009, S. 119) Der „Zustand der Gewässergüte in Süßwasserseen (ist) viel schlimmer als in Flüssen ... Die Süßwasserseen sind insbesondere von der Austrocknung, Verschmutzungen und starken Eutrophierungen bedroht ... Die technischen Richtlinien umfassen fast alle Wiederverwendungszwecke." (S. 130)

Privatisierungen

Sebastian Vollmer analysiert die globale Wasserkrise unter anderem unter dem Gesichtspunkt von Privatisierungen, deren Nutzen er skeptisch beurteilt. Für die Wassergewinnung und -aufbereitung sind hohe Investitionen erforderlich, „die eine Markteintrittsbarriere darstellen." Vollmer erkennt einen öffentlichen Regulierungsbedarf, der sich auch auf die Gefahr einer Übernutzung von Wasservorkommen bezieht. „Die Gewinnung von Rohwasser ist ein Eingriff in den Gewässerhaushalt, der bei Übernutzung negative Auswirkungen auf Ökosysteme haben kann, die von dem Wasser abhängig sind. Zudem können sich benachbarte Wasserversorgungsunternehmen, Landwirte und industrielle Selbstversorger durch übermäßige Wasserentnahme gegenseitig behindern." (Vollmer 2004, S. 29) Werden öffentliche Umweltstandards gesetzt, „bedeutet dies, dass Wasserverschmutzung gemäß dem Verursacherprinzip sanktioniert wird und somit Eingang in die Kostenfunktion des Verursachers findet. (S. 30)

Zur „Einführung von Wettbewerb in der Trinkwasserversorgung ... sind zahlreiche unterschiedliche Maßnahmen denkbar, um Wettbewerb im Markt für Trinkwasserversorgung einzuführen, die mehr oder weniger miteinander vereinbar sind. Privatisierung allein hat nebenbei bemerkt noch keine wettbewerbsfördernde Wirkung, da auch private Betreiber an der Ausnutzung einer Monopolstellung interessiert sind." (Vollmer 2004, S. 31) Ein weiteres wichtiges Argument lautet: „Für die Behauptung, dass private Unternehmen effizienter und wirtschaftlicher arbeiten als öffentliche, fehlt bislang ebenfalls jeder empirische Nachweis. Es existieren zahlreiche Beispiele von privaten Wasserversorgungsunternehmen, die schlechtere Ergebnisse erzielen als ihre staatlichen Vorgänger ... Da es sich bei der Wasserversorgung in der Regel um ein natürliches Monopol handelt, ist Regulierung und öffentliche Kontrolle des Versorgungsunternehmens erforderlich, um Missbrauch durch den Monopolisten auszuschließen. Weil in den meisten Entwicklungsländern keine geeignete Regulierungsinstanzen existieren, werden diese Länder in der Entwicklungszusammenarbeit beim Aufbau von Regulierungsbehörden unterstützt. Nichtsdestotrotz sind diese Behörden oftmals nicht in der Lage ihren Aufgaben angemessen nachzukommen." (Vollmer 2004, S. 35-36)

Über „Nachhaltigkeitsprobleme in der Welt-Fischereiwirtschaft" berichtete Hartmut Brandt schon 1995, und die Aktualität des Argumentes, wegen weltweit überfischter Bestände lägen die Erzeugungsreserven in der Aquakultur, scheint gegeben. (Brandt 1995, S. I)

Exkurs: Essbare Fische als Indikatoren für den ökologischen Zustand von Landschaften

Um Lachs und Meerforelle, die bis zum 19. Jahrhundert im gesamten Elbesystem zu den Haupteinnahmequellen der dortigen Fischerei gehört haben, im Land Brandenburg wieder anzusiedeln, hat das Ministerium für Infrastruktur und Landwirtschaft in Potsdam einige Anstrengungen unternommen und geeignete Maßnahmen in die Wege geleitet. (Ministerium für Infrastruktur ... Brandenburg 2011) Wiederansiedlungsprojekte gibt es in den Flüssen Stepenitz, Schwarze Elster, Pulsnitz, Ruhlander Schwarzwasser und Ucker. Es gibt erfolgreiche Besatzmaßnahmen, eine „Wiederherstellung der Durchwanderbarkeit der Fließgewässer", Jungfischmonitoring und Laichfischmonitoring. S. 34 ff.) Zusätzlich bemüht sich das Ministerium unter anderem um Gewässerrenaturierungen, natürlichen Hochwasserschutz, den „Aufbau eines länderübergreifend abgestimmten fischereilichen Managements in Elbe, Oder und im Meer", den „Aufkauf von Fangquoten der Küsten- und Hochseefischerei" und das Erschließen weiterer Finanzen. (Ministerium für Infrastruktur ... Brandenburg 2011, S. 59)

Früher oder später treten die üblichen Konfliktfelder „zwischen fischereilicher Bewirtschaftung und naturschutzfachlichen Ansprüchen" zutage, deshalb thematisiert diese die Studie des Bundesamtes für Naturschutz, Bonn-Bad Godesberg, in der Reihe Naturschutz und Biologische Vielfalt, Nr. 105, 2010. Die Autoren Wolf-Christian Lewin, Anje Bischoff und Thomas Mehner beschreiben und analysieren „Die „Gute fachliche Praxis" in der Binnenfischerei." Es ist ein zentraler Begriff fischereiwirtschaftlicher und naturschutzpolitischer Art, den das Bundesnaturschutzgesetz in § 5, Abs. 4 so definiert, „dass die fischereiliche Nutzung eines Gewässers in der Regel nicht als Eingriff in Natur und Landschaft zu werten ist, wenn sie den Regeln der GFP entspricht." (Lewin u. a. 2010, S. 14) Aufgrund der sehr breit gefächerten Interessenlagen aller sich beteiligen wollender gesellschaftlicher Gruppen, gibt es gelegentlich Mängel an Übereinstimmungen, was „Gute fachliche Praxis" (GFP) in manchen Fällen heißt. (S. 15-16) Die Veröffentlichung des Bundesamts für Naturschutz erläutert die internationalen und nationalen rechtlichen Rahmenbedingungen, Binnenfischereisysteme, Auswirkungen von Fischfang und Fischbesatz und nachhaltiges Fischereimanagement. (Lewin u. a. 2010) Mit dem Inkrafttreten des Bundesnaturschutzgesetzes am 1. März 2010 gelten für Naturschutz und Landschaftspflege bundesrechtliche Maßstäbe. Ziel des Gesetzes „ist der Schutz von Natur und Landschaft auf Grund ihres eigenen Wertes und als Grundlage für Leben und Gesundheit des Menschen sowie im Interesse der künftigen Generationen". (S. 28) In § 5 des Gesetzes steht eine Nutzungsbeschränkung für „Fischzuchten und Teichwirtschaften der Binnenfischerei", wonach Beeinträchtigungen heimischer Tier- und Pflanzenarten „auf das zur Erzielung eines nachhaltigen Ertrages erforderliche Maß zu beschränken" sind. (Lewin u. a. 2010, S. 29) Die Fischereigesetze der Länder regeln die Ansiedlung bzw. den Besatz von Fischen. (S. 35, S. 37 ff.) In allen denkbaren Fällen hängt der Erfolg einer angestrebten nachhaltigen Bewirtschaftung aquatischer Ökosysteme nach Ansicht der Autoren entscheidend von Diskussionen mit möglichst vielen Betroffenen, auch auf lokaler Ebene, ab. (Lewin u. a. 2010, S. 272)

Für den Artenrückgang bei Fischen ist, so das Ergebnis zahlreicher Studien, eine „abnehmende Gewässergüte“ verantwortlich. (Baur / Rapp 1988, S. 22.) So fallen in der Fischereiwirtschaft „wirtschaftliche Erträge in Millionenhöhe durch Fischkrankheiten und Parasiten“ aus und „nicht nur Wissenschaftler (müssen sich) mit Bakterien, Pilzen, Viren, Würmern und anderen krankmachenden Organismen auseinandersetzen, sondern auch und vermehrt Sportfischer, Teichwirte, Wasserbauingenieure und andere nichtfischende Biotop- und Artenschützer.“ (S. 3) Weil es für die Bedürfnisse von Praktikern relativ wenige Veröffentlichungen gegeben hat, haben Werner Baur und Jörg Rapp ihre Alltagserfahrungen in dem Buch „Gesunde Fische“ veröffentlicht. Neben schlechter Wasserqualität zählen die Autoren weitere Streßsituationen für Fische auf: „Abfischungen, Umsetzaktionen, Fischtransport, Futtermangel und Überfütterung, zu hohe Besatzdichte, übermäßige Beunruhigung, nicht dem Gewässertyp angepaßter Fischbesatz, Fehlen von Unterständen, Parasitenbefall usw.“ (Baur / Rapp 1988, S. 12) Als Grundsatz gilt: „Je natürlicher ein Gewässer, desto wertvoller ist es für die Fischerei.“ (S. 15) Belastungen für die Fische ergeben sich ebenfalls aus Freizeitaktivitäten wie Baden, Bootfahren und Surfen, aber vor allem haben drei Faktoren zum überregionalen Aussterben vieler Tier- und Pflanzenarten geführt, nämlich „die Vernichtung von Kleingewässern wie Wiesengräben und Tümpel, der oft noch unbiologische Ausbau vieler Gewässer und die immer noch massive Abwasserbelastung von Flüssen und stehenden Gewässern“. (Baur / Rapp 1988, S. 16) Ein bundesweites Artensterben bei Fischen zeigt Mitte der achtziger Jahre, dass 2 Arten völlig ausgestorben, „17 unmittelbar vom Aussterben bedroht, 9 auf lange Sicht vom Aussterben bedroht, 16 stark gefährdet, 10 gefährdet, alle Renken und die Bachforelle“ potentiell gefährdet waren. (S. 17) Viele kleine Wasserläufe wurden in Rohren versenkt (beerdigt), und die Lebensmöglichkeiten vieler Tier- und Pflanzenarten gingen verloren, woran „betonierte Flußläufe, mit fugendichtem Steinwurf gesicherte Ufer und autobahnähnlich-eintönige Wasserführungen“ schuld sind. (Baur / Rapp 1988, S. 19) Fehlen geeignete Fischpässe (Fischtreppen) bei Stauwerken, bezeichnen dies Baur und Rapp als „unbiologischen“ Ausbau eines Flußlaufes. (S. 19) Weitere Risiken, die zum Artensterben beitragen und insbesondere Gefahrenpotentiale für Fische darstellen, sind unter anderem Uferausbau, Straßenbau und Uferpromenaden. Laichplätze gehen mit Schilfzonen und Flachwasserbereichen verloren. Der Gewässerausbau sollte sich nicht allein an Forderungen zur Sicherung des Abflusses von Hochwasser orientieren, denn neben dem Artenschutz leidet auch die Selbstreinigungskraft naturnaher oder natürlicher Fließgewässer. (Baur / Rapp 1988, S. 20) Schließlich gilt es noch, daran zu denken, wie sich Abflusse aus Haushalten, Gaststätten, Molkereien und Landwirtschaft in Gewässern auswirken, welche Wirkungen Schwermetalle wie Cadmium und Quecksilber auslösen. „Auch die soge-

nannten weichen Detergentien, die biologisch leichter abbaubaren Nachfolger der harten Waschmittel, schädigen in höheren Konzentrationen die Fische". (S. 21)
Für Teichfische verlangt Gerhard Haider „gründliche Kenntnisse und Vorbereitungen" sowie eine „artgerechte Haltung". (Haider 1986, S. 5) Längst gilt der Fischwirt nicht mehr als Jäger, sondern sieht sich dem Landwirt gleichgestellt. (S. 10)
An Praktiker richtet sich ebenfalls Jürgen Mattern, „Fischereifachkunde für Seen, Flüsse und küstennahe Gewässer", mit einem breiten Spektrum von Unterthemen und Stichworten, zu denen Klassifikationen und Profile von Seen, Arbeitssicherheit auf dem Gewässer und im Fischereibetrieb, Adressen von Verbänden, Fachzeitschriften und die Fischvermarktung gehören. Es umfasst neben dem Verkauf angelandeter Fische die Veredlung. Ein auf Rentabilität achtendes Fischereiunternehmen bezieht in die Preisgestaltung die von Jürgen Mattern aufgezählten Kostenfaktoren ein: „ - Pachten, Mieten, - Lohnkosten mit Lohnnebenkosten, - Materialeinsatz (Maschinen, Fanggeräte, Energieverbrauch) für den Fang der Fische, - Fang der Fische, eventuell Zukauf von Fischen (besonders Seefische), - Besatzmaßnahmen, eventuell auch eigene Reproduktionsmaßnahmen, - Hälterung, Lagerung, - Materialeinsatz für die Be- und Verarbeitung sowie Verpackung, - Mittel für Verkaufseinrichtungen, - Reparaturkosten, - Energie- und Wasserverbrauch, Abwasser- und Abfallentsorgung, - Steuern, Versicherungen, - Abschreibungen, Verbindlichkeiten bei den Banken, - Büroeinrichtungen und –material, Kommunikationsmittel." (Mattern 1999, S. 380)
Zu den Zielgruppen für das Handbuch „Angewandte Fischökologie an Fließgewässern" von Mathias Jungwirth, Gertrud Haidvogl, Otto Moog, Susanne Muhar und Stefan Schmutz, Universität für Bodenkultur, Institut für Wasservorsorge, Gewässerökologie und Abfallwirtschaft, Abteilung für Hydrobiologie, Fischereiwirtschaft und Aquakultur, Wien, gehören als Studierende oder Praktiker Ökologen, Biologen, Landschaftsplaner, Wasserwirtschaftler, Fachleute aus Planung und Verwaltung, NGOs und Fischereiwirtschaftler. Die aktuellen Forschungsfragen reichen über die in den 70er und 80er Jahren beobachtete Wassergüte weit hinaus. (Jungwirth u. a. 2003, S. 20) In der Fließgewässerökologie arbeiten inzwischen die Wasserwirtschafter und die Ökologen konstruktiv zusammen. Ein Gewässerökologisches Management umfasst heutzutage eine Vielzahl von Projekten von der Restwasserproblematik bis zu „Verbesserungsmaßnahmen bei unterbundener Fischmigration/Fischaufstiegshilfen". (S. 17-18)
Es bleibt festzuhalten, dass bereits 1994 in Potsdam eine ministerielle Arbeitsgruppe die Anliegen der Binnenfischerei mit Belangen des Naturschutzes verknüpfte. Die Studie über „Ordnungsgemäße fischereiliche Bewirtschaftung natürlicher Gewässer unter besonderer Berücksichtigung der Verhältnisse im norddeutschen Tiefland". (Ministerium für Ernährung ... Potsdam 1998) enthielt die Themen Ertragsfähigkeit,

Vermeiden von Überfischung, Schon- und Schutzbestimmungen, Gefährdung genetischen Potentials (Artenvielfalt), Tierschutzgerechte Fischerei in Übereinstimmung mit Naturschutzzielen, Wasserwirtschaft und Schifffahrt sowie Hegepläne. (S. 1-7)
Eine andere Form interministerieller Zusammenarbeit in Umweltfragen stellte die Studie „Schadstoffe in Elbefischen – Belastung und Vermarktungsfähigkeit – der Arbeitsgemeinschaft für die Reinhaltung der Elbe dar, in der einschlägige Ministerien der Bundesländer Brandenburg, Hamburg, Mecklenburg-Vorpommern, Niedersachsen, Sachsen, Sachsen-Anhalt und Schleswig-Holstein berieten. ( Arbeitsgemeinschaft ... 2000) In ihrem Bericht „werden die Ergebnisse von Schadstoffuntersuchungen an Fischen aus dem bundesdeutschen Längsprofil der Elbe mitgeteilt und unter Berücksichtigung lebensmittelrechtlicher Aspekte bewertet." (S. 100) Dieselben Institutionen widmeten sich danach dem Thema „Schwarze Elster, Mulde und Saale – Fischereibiologische Untersuchungen sowie Schadstoffbelastung von Brassen, Aal und Zander in den Unterläufen der Elbenebenflüsse – (Arbeitsgemeinschaft ... 2003) Diesmal sollen die Ergebnisse der Befischung den Vorgaben der europäischen Wasserrahmenrichtlinie (EG-WRRL) entsprechen. Bei „der Mulde (gibt es) vorrangig Probleme mit den Gehalten einiger Pestizide und bei der Saale – insbesondere im Zander – mit Quecksilber." Positiv wird vermerkt, der 1998 errichtete Fischpass in Geesthacht habe die Bestandsentwicklung im Elbeoberlauf und den dort mündenden Nebenflüssen verbessert. (S. 72) „Dieses gute Beispiel muss aber auch anmahnen, nun die Vielzahl der Querbauwerke, die noch nicht über eine gut funktionierende Fischaufstiegshilfe verfügen, entsprechend nachzurüsten." (Arbeitsgemeinschaft ... 2003, S. 72)

## 6 Ausblick

Weil Trinkwasserversorgung und Abwasserentsorgung untrennbar verknüpft sind, beeinflussen „abwassersparende Maßnahmen" die öffentliche Abwasserentsorgung. (Leist 2007, 117) Verringert sich die (geplante) Menge der Abwasser und ihre Fließgeschwindigkeit, ergeben sich Folgen für die Kläranlagen. Nimmt die Menge der durch die Kanalisation entsorgten Feststoffe (Sanitär- und Hygieneartikel) zu, bedarf es häufigerer Spülung der Abwasserkanäle. (S. 117-118) Betonrohre können in einigen Fällen innerhalb von 5-10 Jahren wegen (der unbeabsichtigten) biogenen Schwefelproduktion zerstört werden. (Leist 2007, S. 118)
Die Vor- und Nachteile dezentraler Systeme bedürfen gründlicher Prüfung im Einzelfall. (S. 120 ff.)
Ein Verlust an Lebensmittelqualität ist – ähnlich wie bei überlagerter Wurst – bei Trinkwasser zu verzeichnen, wenn es erwärmt oder abgestanden ist. (Leist 2007, S. 96) Es treten mikrobielle Probleme auf, beispielsweise Legionellen in ausgedehnten

Rohrnetzen. „Die Gefahr der Wiederverkeimung besteht vor allem bei temporär geringer Abnahme in den Sommermonaten (Schulferien usw.); besonders hoch ist sie in neu verlegten, nicht durchströmten Netzen (z. B. in neu erschlossenen, ungenutzten Gewerbegebieten) und in Leitungsbereichen mit höheren Umgebungstemperaturen (z. B. Kellertrassen)." (Leist 2007, S. 96) Die Dauer des Aufenthalts von Trinkwasser im Netz „sollte bei 10 °C Wassertemperatur 5 Tage und bei 20 °C 3 Tage nicht überschreiten." (S. 96)

Der Umgang mit der Ressource Wasser ist seit einiger Zeit Gegenstand öffentlicher Diskussion und hat zur Verringerung des Wasserverbrauchs beigetragen, was nicht unproblematisch ist.

Die biologische Abwasserreinigung wird ständig optimiert. Hilde Lemmer und George Lind haben „dringend ein tieferes Verständnis für die wachstumsbiologischen Vorgänge und Konkurrenzmechanismen in der Belebtschlammbiozönose" angemahnt. (Lemmer / Lind 2000, S. 139) Das Vorkommen und die Biologie solcher Bakterien zeigen ein „sehr unterschiedliches Wachstumsverhalten ... „das mit den bisher in der Literatur vorgestellten, relativ einfachen Wachstumsmodellen nur unvollständig beschrieben werden kann." (S. 139) Wegen mangelnder „Umweltverträglichkeit (unkontrollierte Entstehung von chlororganischen Verbindungen)" raten sie grundsätzlich von einer Chlorzugabe ab. (Lemmer / Lind 2000, S. 137)

Nach Ansicht des Umweltbundesamtes bedeutet nachhaltige Wasserversorgung in Deutschland gleichzeitig ortsnahe Versorgung. (Umweltbundesamt Hrsg. 2001, S. 212) „Darüber hinaus ist die Wasserversorgung langfristig in das Konzept einer nachhaltigen Siedlungswasserwirtschaft einzubetten. Dieses umfasst insbesondere die Verringerung des Energie- und Rohstoffeinsatzes für die Wasserver- und Abwasserentsorgung sowie die verstärkte stoffliche Verwertung von heutigen Abwasserinhaltsstoffen, insbesondere durch die Trennung des Wasser- von den Schadstoff- und Nährstoffströmen." (S. 212)

Abwasserentsorgung als Aufgabe reicht über die Grenzen von Kommunen und Ländern weit hinaus. Im Handbuch „Abwassertechnologie. Entstehung, Ableitung, Behandlung, Analytik der Abwässer" schreiben Pöppinghaus, Fresenius und Schneider über die Beschaffenheit (Schädlichkeit), Arten und Mengen von Abwasser und Niederschlagswasser, gewerbliche und industrielle Aspekte, das Vermeiden und die Wiedergewinnung von Wasser, Planungen zu Entwässerungsverfahren, kommunale Abwässer und deren Schlämme, Abwasserreinigung sowie „Anforderungen für biologische Abwasseranlagen an Art, Anzahl und Umfang der mindestens vorzunehmenden Messungen und Untersuchungen". (Pöppinghaus u. a. 1994, S.XX)

## 7 Literatur

ALBACH, K. H. 2009: Entwicklung der Stadtgewässer am Beispiel Bochum. In: Gesellschaft zur Förderung ... Bochum (Hrsg.), 2009. S. 157-159

ALT, K. / BARNSCHEIDT, I., 2011: Einsatz von Aktivkohle in Kläranlagen unter Kostengesichtspunkten. In: Gesellschaft zur Förderung ... Bochum (Hrsg.), 2011. S. 207-222

ARBEITSGEMEINSCHAFT FÜR DIE REINHALTUNG DER ELBE (Hrsg.), 2000: Schadstoffe in Elbefischen – Belastung und Vermarktungsfähigkeit – von der Grenze bis zur See. Hamburg: Arbeitsgemeinschaft

ARBEITSGEMEINSCHAFT FÜR DIE REINHALTUNG DER ELBE (Hrsg.), 2003: Schwarze Elster, Mulde und Saale - Fischereibiologische Untersuchungen sowie Schadstoffbelastung von Brassen, Aal und Zander in den Unterläufen der Elbnebenflüsse - . Hamburg: Arbeitsgemeinschaft

BACK, Werner (Hrsg.), 2008: Mikrobiologie der Lebensmittel. Getränke. Hamburg: B. Behr`s Verlag. 3. Auflage

BÄCKER-HAASE, Christiane, 1990: Vergleich der Qualität „alternativ" und „konventionell" erzeugter primärer, pflanzlicher Lebensmittel – speziell Untersuchungen zur Verteilung der Parameter Nitrat und Gesamtzucker. Bonn: maschinenschriftliches Manuscript (Zugl.: Bonn, Univ., Diss. 1990)

BÄRTHEL, Hilmar, 2003: Geklärt! 125 Jahre Berliner Stadtentwässerung. Berlin: Huss-Medien Verlag Bauwesen

BÄSSLER, Claudia, 1997: Einfluss von Ultraschall auf das Adsorptions- und Desorptionsverhalten von Adsorberpolymeren in wässrigen Medien. RWTH (Hrsg.), 1997. Nr. 160. Aachen

BAUR, Werner / RAPP, Jörg, 1988: Gesunde Fische. Praktische Anleitung zum Vorbeugen, Erkennen und Behandeln von Fischkrankheiten. Hamburg, Berlin: Verlag Paul Parey

BELITZ, H.-D. / GROSCH, W. / SCHIEBERLE, P., 2008: Lehrbuch der Lebensmittelchemie. Berlin, Heidelberg: Springer-Verlag. 6. Auflage

BENEKE, Gudrun / SEGGERN, Hille von / KUNST, Sabine / BRÜDERN, Ulrike / KÜGELGEN, Barbara von, 2004: Abwasser als Bestandteil von Stadtlandschaft. Schriftenreihe des Fachbereichs Landschaftsarchitektur und Umweltentwicklung der Universität Hannover (Beiträge zur räumlichen Planung Heft 61). Hannover: Institut der Universität Hannover

BEVER, J. / STEIN, A. / TEICHMANN, H. (Hrsg.), 2002: Weitergehende Abwasserreinigung. München: Oldenbourg Industrieverlag

BILI, Vassiliki, 1996: Grundlegende Untersuchungen über die Elimination von Nährstoffen aus kommunalem Abwasser durch ein zweistufiges Behandlungskonzept. RWTH (Hrsg.), 1996. Nr. 157. Aachen

BLUME, Hans-Peter, 1995: Ökosystemare Beschreibung von Rieselfeldern. In: Landesumweltamt Brandenburg (Hrsg.), 1995. S. 11-19

BOCK, A. / PATT, H., 2009: Klimawandel – Folgerungen für das wasserwirtschaftliche Handeln. In: Gesellschaft zur Förderung ... Bochum (Hrsg.), 2009. S. 13-25

BOTZENHART, Konrad / SEIDEL, Michael, 2010: Wasservirologie. In: Nießner (Hrsg.), 2010. S. 411-426

BRAHA, Alexandru / GROZA, Ghiocel, 2006: Moderne Abwassertechnik. Erhebung, Modellabsicherung, Scale-Up, Planung. Weinheim: WILEY-VCH Verlag

BRANDT, Hartmut / Deutsches Institut für Entwicklungspolitik – DIE, 1995: Perspektiven für Entwicklungszusammenarbeit in der Fischereiwirtschaft. Berlin: Deutsches Institut für Entwicklungspolitik. Berichte und Gutachten 13/1995

BRENDEL, Ulrich, 1997: Einsatz von Aktivkohle in der kommunalen Abwasserreinigung. RWTH (Hrsg.), 1997. Nr. 167. Aachen

BRICKWEDDE, Fritz, Deutsche Bundesstiftung Umwelt (Hrsg.), 2001: Wasser im 21. Jahrhundert - Perspektiven, Handlungsfelder, Strategien. 6. Internationale Sommerakademie St. Marienthal. Bramsche: Rasch

BRÜCKNER, S. C. / HUSMANN, M. / KAMINSKY, P., 2008: Abwasserreinigungsanlage der Städte Medellin und Bello. Perspektiven aus der internationalen Praxis. In: Gesellschaft zur Förderung ... Bochum (Hrsg.), 2008. S. 11-24

BUNDESAMT FÜR NATURSCHUTZ, siehe: LEWIN, Wolf-Christian, 2010

CARLSON, S. / SEIDEL, M., 2010: Mikrobiologie des Wassers. In: Nießner (Hrsg.), 2010. S. 305-409

CHANG, Yue, 2009: Entwicklung und Marktpotenzial der chinesischen Wasserwirtschaft. In: Fachvereinigung ... (fbr), 2009. S. 119-137

DEUTSCHE FORSCHUNGSGEMEINSCHAFT – DFG (Hrsg.), 1990: Pflanzenschutzmittel im Trinkwasser. Analytik, toxikologische Beurteilung und Strategien zur Minimierung des Eintrages – erarbeitet durch die Arbeitsgruppen Analytik, Phytomedizin und Toxikologie. Mitteilung XVI der Kommission für Pflanzenschutz-, Pflanzenbehandlungs- und Vorratsschutzmittel. Weinheim: VCH Verlagsgesellschaft

DEUTSCHE VEREINIGUNG DES GAS- UND WASSER- FACHES e. V. – DVGW (Hrsg.)., 2004: Wasseraufbereitung – Grundlagen und Verfahren. Lehr- und Handbuch Wasserversorgung Band 6. München, Wien: Oldenbourg Industrieverlag

DOHMANN, Max, 2001: Ziele und Tendenzen in der Abwasserreinigung – Eine internationale Betrachtung. In: Brickwedde (Hrsg.), 2001. S. 285-294

EIKMANN, Thomas, 1995: Humantoxikologisches Gefährdungspotential von belasteten Rieselfeldböden. In: Landesumweltamt Brandenburg (Hrsg.), 1995. S. 40-43

ENGLERT, Ralf, 1998: Weiterentwickelte Lösungskonzepte zur Abwasserbeseitigung in Wasserschutzgebieten. Weimar: Dissertationsdruck (Zugl.: Weimar., Univ., Diss., 1998)

EVERS, Karl Wolfgang, 2009: Wasser als Lebensmittel. Trinkwasser. Mineralwasser. Quellwasser. Tafelwasser. Hamburg: B. Behr's Verlag

FACHVEREINIGUNG BETRIEBS- UND REGENWASSER-NUTZUNG e. V. – fbr – (Hrsg.), 2009: Grauwasser-Recycling – Wasser zweimal nutzen. Darmstadt: fbr

FAHLENKAMP, H. / NOWOTNY, N. / NÖTHE, T., 2007: Spurenstoffelimination im Ablauf kommunaler Kläranlagen - Ansätze, Reaktionsgrundlagen, Wirkungen, Kosten. In: Gesellschaft zur Förderung ... Bochum (Hrsg.), 2007. S. 77-98

FISCHER, Klaus-Dieter, 1999: Entwicklung eines neuen Nitrat-Rückführungssystems zur Stickstoffelimination bei kommunalen Abwässern. RWTH (Hrsg.), 1999. Nr. 176. Aachen

FLÖSER, Veit / 7 Mitarbeiter, 1999: Krankenhausabwasser. Beschaffenheit – Behandlung – Maßnahmen zur Reduzierung von Schadstoffen – Hygienische Aspekte. Renningen-Malms-heim: expert-Verlag. Reihe: Kontakt & Studium Band 593

FREHMANN, T. / NAFO, I. / JAGEMANN, P., 2007: Bewirtschaftungsansätze zur Reduzierung des Eintrags von Spurenstoffen in den Wasserkreislauf. In: Gesellschaft zur Förderung ... Bochum (Hrsg.), 2007. S. 63-75

FRUHEN-HORNIG, Maria, 1997: Dynamische Simulation von Prozessen in Biofilmreaktoren zur Behandlung kommunaler Abwässer. RWTH (Hrsg.), 1997. Nr. 162

GESELLSCHAFT ZUR FÖRDERUNG des Lehrstuhls für Siedlungswasserwirtschaft und Umwelttechnik an der Ruhr-Universität Bochum (Hrsg.), 2007: 25. Bochumer Workshop. Arzneimittel und Industriechemikalien ein Abwasserproblem. Bochum: Schriftenreihe Siedlungswasserwirtschaft Bochum 54

GESELLSCHAFT ZUR FÖRDERUNG ... Bochum (Hrsg.) 2008: Festschrift anlässlich der Pensionierung von Professor Dr.-Ing. Hermann Orth. Bochum: Schriftenreihe ... 55

GESELLSCHAFT ZUR FÖRDERUNG ... Bochum (Hrsg.), 2009: 27. Bochumer Workshop. Gewässerschutz und Gewässergestaltung – von der Idee zur konkreten Maßnahme. Bochum: Schriftenreihe ... 57

GESELLSCHAFT ZUR FÖRDERUNG ... Bochum (Hrsg:), 2010: 28. Workshop. Zukunftsthema Energie. Die Siedlungswasserwirtschaft ist gefordert. Bochum: Schriftenreihe ... 61

GESELLSCHAFT ZUR FÖRDERUNG ... Bochum (Hrsg.), 2011: 29. Bochumer Workshop. Werterhalt und Erneuerung von Abwasseranlagen. Bochum: Schriftenreihe ... 62

GÖTZ, CH. / HOLLENDER, J., 2009: Urbane Gewässerbelastung in der Schweiz: Belastungslage mit Mikroschadstoffen und Eliminationsstrategien. In: Gesellschaft zur Förderung ... Bochum (Hrsg.), 2009. S. 93-94

GROHMANN, A. N., 2010: Einleitung. In: Nießner (Hrsg.), 2010. S. 1-11

GROHMANN, A. / BUCHHOLZ, A. (Hrsg.), 1989: Zusatzstoffe für Trinkwasser. Anforderungen. Einsatz. Rechtliche Grundlagen. Stuttgart, New York: Gustav Fischer Verlag

GROVE, Anja / HEIDENREICH, Franz-Peter (Hrsg.), 2009: Zukunftsfähige Nutzungen. Innovative Beispiele aus den Bereichen Gewässer/Wasser/Abwasser. Berlin: Erich Schmidt Verlag. Reihe: Initiativen zum Umweltschutz Band 73. Deutsche Bundesstiftung Umwelt

GRÜNEBAUM, Thomas, 1990: Untersuchungen zur weitergehenden Abwasserreinigung bei schwach gepufferten Abwässern. RWTH (Hrsg.), 1990. Nr. 123. Aachen

GRÜNEBAUM, Th. / ENXING, K. / JARDIN, N. / RATH, L. / SADOWSKI, A., 2009: Veranlassung und Zielstellung der weitergehenden Verfahren zur Spurenstoffelimination auf der Kläranlage Schwerte des Ruhrverbands. In: Gesellschaft zur Förderung ... Bochum (Hrsg.), 2009. S. 119-144

HAEFCKE, Hermann, 1901: Städtische und Fabrik-Abwässer. Ihre Natur, Schädlichkeit und Reinigung. Wien, Pest, Leipzig: U. Hartleben`s Verlag

HAHN, Hermann H., 2001: Die wasserwirtschaftlichen Konsequenzen des EU-Beitritts – anhand der Situation in der Wasserver- und –entsorgung. In: Brickwedde (Hrsg.), 2001. S. 413-425

HAIDER, Gerhard, 1986: Nutzfische halten. Eine Anleitung zur Teichwirtschaft. Stuttgart: Ulmer

HEIDENREICH, Franz-Peter, 2001: Zusammenfassung Arbeitskreis: Abwasser. In: Brickwedde (Hrsg.) 2001. S. 387-391

HEISS, Rudolf (Hrsg.), 2004: Lebensmitteltechnologie. Biotechnologische, chemische, mechanische und thermische Verfahren der Lebensmittelverarbeitung. Berlin, Heidelberg. 6. Auflage

HELLEKES, Rainer / PERDELWITZ, Dieter, 1986: Nitratbelastung des Trinkwassers. Reaktionsweisen der Wasserversorgungsunternehmen. Berlin: Wissenschaftszentrum Berlin (IIUG rep 86-2)

HERBST, H. / ANTE, S., 2010: Energiebedarf von Anlagen zur Mikroschadstoffentfernung. In: Gesellschaft zur Förderung ... Bochum (Hrsg.), 2010. S. 113-126

HESSISCHES LANDESAMT FÜR UMWELT UND GEOLOGIE (Hrsg.), 2008: Handbuch Altlasten, Band 3, Teil 6: Ermittlung von Schadstofffrachten im Grund- und Sickerwasser. Bearbeiter: Thomas Held, Helmut Jacob, Jens Blotevogel, ARCADIS Consult. Wiesbaden: Hess. Landesamt für Umwelt und Geologie

HÖLL, Karl, 1986: Wasser. Untersuchung, Beurteilung, Aufbereitung, Chemie, Bakteriologie, Virologie, Biologie. Unter Mitwirkung von Sven Carlson, Dietrich Lüdemann, Hans Rüffer. Berlin, New York: Walter de Gruyter. 7. Auflage

HOPPE, H., 2008: Strategische Entwässerungsplanung vor dem Hintergrund demographischer und klimatischer Veränderungen. In: Gesellschaft zur Förderung ... Bochum (Hrsg.), 2008. S. 115-131

HÜTTER, Leonhard A., 1988: Wasser und Wasseruntersuchung. Methodik, Theorie und Praxis chemischer, chemisch-physikalischer und bakteriologischer Untersuchungsverfahren. Frankfurt am Main: Verlag Moritz Diesterweg, Frankfurt am Main und Salzburg: Verlag Sauerländer. 3. Auflage

ILLI, Martin, 1987: Von der Schissgruob zur modernen Stadtentwässerung. Stadtentwässerung Zürich, Abteilung des Bauamtes I, Hansruedi Steiner. Zürich: Verlag Neue Zürcher Zeitung

IVASHECHKIN, Pavel, 2006: Elimination organischer Spurenstoffe aus kommunalem Abwasser. Aachen: RWTH (Hrsg.), 2006. Nr. 205 (Zugl.: Aachen., Diss., RWTH Aachen. Fakultät für Bauingenieurwesen)

JOHNEN, Lutz, 2009: Grauwassernutzung "made in Germany" – eine Exportchance? In: Fachvereinigung ... fbr), 2009. S. 91-102

JUNGWIRTH, M. / HAIDVOGL, G. / MOOG, O. / MUHAR, S. / SCHMUTZ, S., 2003: Angewandte Fischökologie an Fließgewässern. Fakultas Universitätsverlag

KETTERN, Jürgen, 1990: Untersuchungen zur biologisch-chemisch-physikalischen Behandlung von Deponiesickerwässern. RWTH (Hrsg.), 1990. Nr. 113

KIEẞHAUER, Rolf, 1997: 100 Jahre Wasserwerk Friedrichshagen. Berlin-Friedrichshagen: Antiquariat Friedrichshagen - Katrin Brandel. Friedrichshagener Hefte Nr. 1. 2. Auflage

KLETKE, T. / WOLNIAK, K. / KALLER, N. / WICHERN, M., 2010: Mikrobielle Brennstoffzellen in der Abwasserreinigung. In: Gesellschaft zur Förderung ... Bochum (Hrsg.), 2010. S. 153-170

KRATZ, Werner, 1995: Untersuchungen zu organisch-chemischen Bodenbelastungen in den ehemaligen Rieselfeldern in Berlin-Buch. In: Landesumweltamt Brandenburg (Hrsg.), 1995. S. 27-32

KRAUSE, C. / CHUTSCH, M. / HENKE, M. / SCHULZ, M. / LEISKE, M. / MEYER, E. / SCHULZ, C. / SCHWARZ, E. / WOLTER, R., 1991: Umwelt-Survey. Messung und Analyse von Umweltbelastungsfaktoren in der Bundesrepublik Deutschland. Umwelt und Gesundheit. Band IIIb Wohn-Innenraum: Trinkwasser. Deskription der Spurenelemente im Haushalts- und Wasserwerks-Trinkwasser der Bundesrepublik Deutschland 1985/86. Berlin: Bundesgesundheitsamt

KRETSCHMER, F. / ERTL, T. / FUCHS-HANUSCH, D. / FRIEDL, F. / MÖDERL, M., 2011: Strategische Informationsbeschaffung als Grundlage der ganzheitlichen generellen Sanierungsplanung von Kanalisationsanlagen in Österreich. In: Gesellschaft zur Förderung ... Bochum (Hrsg.), 2011. S. 123-135

LANDESUMWELTAMT BRANDENBURG (Hrsg.), 1995: Rieselfelder Brandenburg-Berlin. Fachtagung „Rieselfelder Brandenburg-Berlin" im Februar 1995. Bericht des Wissenschaftlich-technischen Beirates Rieselfelder (WTB) vom Dezember 1995. Potsdam: Landesumweltamt Brandenburg

LANDESUMWELTAMT BRANDENBURG (Hrsg.) 1996: Rieselfelder südlich Berlins – Altlast, Grundwasser, Oberflächengewässer – Gemeinsamer Abschlußbericht der Teilprojekte I-III, 1996: Potsdam: Landesumweltamt Brandenburg

LANGE, Jörg / OTTERPOHL, Ralf, 2000: Abwasser. Handbuch zu einer zukunftsfähigen Wasserwirtschaft. Donaueschingen-Pfohren: Mall-Beton-Verlag

LEIST, Hans-Jürgen, 2007: Wasserversorgung in Deutschland. Kritik und Lösungsansätze. München: oekom Verlag, Gesellschaft für ökologische Kommunikation

LEMMER, Hilde / LIND, George, 2000: Blähschlamm, Schaum, Schwimmschlamm. Mikrobiologie und Gegenmaßnahmen. München: F. Hirthammer Verlag

LEWIN, Wolf-Christian / BISCHOFF, Antje / MEHNER, Thomas, 2010: Die „Gute fachliche Praxis" in der Binnenfischerei. Ergebnisse des F+E-Vorhabens „Naturschutzfachliche Konkretisierung einer guten fachlichen Praxis in der Binnenfischerei" (FKZ 803 82 200). Bonn-Bad Godesberg: Bundesamt für Naturschutz

MATTERN, Jürgen, 1999: Fischereifachkunde für Seen, Flüsse und küstennahe Gewässer. Berlin: Parey

MINISTERIUM FÜR ERNÄHRUNG, LANDWIRTSCHAFT UND FORSTEN (Hrsg.), 1994: Die Binnenfischerei Brandenburgs im Spannungsfeld zwischen Ökologie und Ökonomie sowie Schlußfolgerungen für die Fischereiforschung. Überlegungen, Argumente und bekannte

Fakten zu einigen aktuellen Problemen der Binnenfischerei in Brandenburg. Potsdam: Ministerium

MINISTERIUM FÜR ERNÄHRUNG, LANDWIRTSCHAFT UND FORSTEN (Hrsg.), 1998: Ordnungsgemäße fischereiliche Bewirtschaftung natürlicher Gewässer unter besonderer Berücksichtigung der Verhältnisse im norddeutschen Tiefland. Potsdam: Ministerium

MINISTERIUM FÜR INFRASTRUKTUR UND LANDWIRTSCHAFT des Landes Brandenburg (Hrsg.), 2011: Wiederansiedlung von Lachs und Meerforelle in Brandenburg. Potsdam: Ministerium

MONTAG, David, 2008: Phosphorrückgewinnung bei der Abwasserreinigung – Entwicklung eines Verfahrens zur Integration in kommunale Kläranlagen. RWTH (Hrsg.), 2008. Nr. 212

MÜNCH, Peter, 1993: Stadthygiene im 19. und 20. Jahrhundert. Die Wasserversorgung, Abwasser- und Abfallbeseitigung unter besonderer Berücksichtigung Münchens. Göttingen: Vandenhoeck & Ruprecht. Schriftenreihe der Historischen Kommission bei der Bayerischen Akademie der Wissenschaften, Band 49. (Zugl.: München, Univ., Diss., 1990)

MÜSCHEN, K., 2010: Energieeffizienz und erneuerbare Energien – Bausteine einer nachhaltigen Energienutzung. In: Gesellschaft zur Förderung ... Bochum (Hrsg.), 2010. S. 9-18

NIEßNER, Reinhard (Hrsg.), 2010: Karl Höll: Wasser. Nutzung im Kreislauf. Hygiene, Analyse und Bewertung. Berlin/New York: Walter de Gruyter. 9. Auflage

NORMANN-SCHMIDT, Sabine, 1995: Auf der Suche nach der umweltgerechten Landwirtschaft. Verflechtungen von Land- und Wasserwirtschaft. München, Wien: R. Oldenbourg Verlag (Schriftenreihe gwf Wasser, Abwasser Band 24)

PARIS, Stefania, 2009: Bedeutung der Membrantechnik für das Grauwasser-Recycling. In: Fachvereinigung ... (fbr), 2009. S. 13-30

PIEPLOW, Heiko, 2009: Ökologische Industriepolitik zur Förderung von Innovation, Mittelstand und Beschäftigung. In: Fachvereinigung ... (fbr), 2009. S. 7-11

PÖPPINGHAUS, K. / FRESENIUS, W. / SCHNEIDER, W. (Hrsg.), 1994: Abwassertechnologie. Entstehung, Ableitung, Behandlung, Analytik der Abwässer. Berlin, Heidelberg u.a.: Springer-Verlag. 2. Auflage

RECHENBURG, A. / WILLKOMM, M. / CHRISTOFFELS, E. / SCHREIBER, C. / KOCH, CH. / EXNER, M. / KISTEMANN, Th., 2009: Mikrobielle Fließgewässerbelastung aus Punkt- und diffusen Quellen in der Swist. In: Gesellschaft zur Förderung ... Bochum (Hrsg.), 2009. S. 81-94

RENGER, M. / HOFFMANN, C. / SCHLENTHER, L., 1995: Bindung, Mobilität und Transport von Schadstoffen in Rieselfeldern. In: Landesumweltamt Brandenburg (Hrsg.), 1995. S. 32-40

ROSENWINKEL, Karl-Heinz / ABWASSERTECHNISCHE VEREINIGUNG e. V. (Hrsg.), 2000: ATV-Handbuch Industrieabwasser Lebensmittelindustrie. Berlin: Ernst & Sohn Verlag für Architektur und technische Wissenschaften

RWTH (Hrsg.)1993: 25. Essener Tagung. Wasser- und Bodenschutz – Anspruch und Wirklichkeit. Nr. 135. Aachen

RWTH (Hrsg.), 2004: 37. Essener Tagung für Wasser- und Abfallwirtschaft. Nr. 193. Aachen

RWTH (Hrsg.), 2007: 40. Essener Tagung für Wasser- und Abfallwirtschaft. Nr. 207. Aachen
RWTH (Hrsg.), 2007: Membrantechnik in Nordrhein-Westfalen. Workshop. Nr. 210. Aachen
RWTH (Hrsg.), 2010: 43. Essener Tagung für Wasser- und Abfallwirtschaft. Nr. 220. Aachen
RWTH (Hrsg.), 2011: 44. Essener Tagung für Wasser- und Abfallwirtschaft. Nr. 223. Aachen
RWTH (Hrsg.), 2012: 45. Essener Tagung für Wasser- und Abfallwirtschaft. Nr. 230. Aachen
SCHLÜTER, Thoralf, 2006: Trinkwasserversorgung im internationalen Vergleich. Versorgungssituation, wasserwirtschaftliche Strukturen und Trinkwasserpreise. Hamburg: Diplomica GmbH
SCHMIDT, Michael, 1995: Planungsrelevante Aspekte einer Rieselfeldnachnutzung im Verflechtungsraum Brandenburg – Berlin. In: Landesumweltamt Brandenburg (Hrsg.), 1995. S. 4-10
SCHMIDTLEIN, F., 2008: Einsatzbedingungen und Verfahrensketten zur Wiederverwendung von kommunalem Abwasser – Hintergrund zu einem Forschungsvorhaben. In: Gesellschaft zur Förderung ... Bochum (Hrsg.), 2008. S. 179-188
SCHÖN, Dieter / HOFFMEISTER, Hans / DARIMONT, Theodor / MANDELKOV, Jürgen / SONNEBORN, Manfred, 1982: Gesundheitlicher Einfluß von Trinkwasserinhaltsstoffen. SozEp-Berichte 6/1982. Schriftenreihe des Instituts für Sozialmedizin und Epidemiologie des Bundesgesundheitsamtes. Berlin: Dietrich Reimer Verlag
SCHRADER, C. 2007: Membrantechnik, Ozonung und Aktivkohle zur Entfernung von Spurenstoffen aus kommunalem Abwasser. In: Gesellschaft zur Förderung ... Bochum (Hrsg.), 2007. S. 99-115
SCHRÖDER, Horst Friedrich, 1997: Biochemisch schwer abbaubare organische Stoffe in Abwässern und Oberflächenwässern. RWTH (Hrsg.), 1997. Nr. 166. Aachen
SCHRÖDER, M., 2010: Energienutzung in der (Ab)Wasserwirtschaft nachhaltig gestalten. In: Gesellschaft zur Förderung ... Bochum (Hrsg.), 2010. S. 19-28
SCHULTZ-FADEMRECHT, C. / HORN, H., 2009: Verbleib von pathogenen Indikatorkeimen aus Mischwassereinleitungen in der Isar. In: Gesellschaft zur Förderung ... Bochum (Hrsg.), 2009. S. 95-104
SCHUMANN, Gunther, 2002: Alkoholfreie Getränke. Rohstoffe – Produktion – Lebensmittelrechtliche Bestimmungen. Berlin: Versuchs- und Lehranstalt für Brauerei in Berlin (VLB). 9. Auflage
SPELTHAHN, Sabine, 1994: Privatisierung natürlicher Monopole. Theorie und internationale Praxis am Beispiel Wasser und Abwasser. Wiesbaden: Gabler. (Zugl.: Berlin, Techn. Univ., Diss., 1993)
STIFTUNG WARENTEST, 2012: Mineralwasser. Stilles Wasser. Viele Keime, wenig Mineralstoffe. Test 7/2012. S. 22-29. Berlin: Stiftung Warentest
TEHERANI-KRÖNNER, Parto, 1992: Human- und kulturökologische Ansätze zur Umweltforschung. Ein Beitrag zur Umweltsoziologie mit einer Fallstudie zur Grundwasserbelastung mit Nitrat, zur Problemperzeption und Gülleregulierung im Landkreis Vechta. Wiesbaden: Deutscher Universitäts-Verlag (Zugl.: Berlin, Technische Univ., Diss. 1992)

TEICHGRÄBER, B. / JAGEMANN, P. / NAFO, I. / LYKO, S., 2009: Behandlung von Krankenhausabwasser zur gezielten Elimination von Arzneimittelrückständen. In: Gesellschaft zur Förderung ... Bochum (Hrsg.), 2009. S. 51-64

TROGEMANN, Jens J., 2000: Sicherstellung der Trink- und Mineralwasserqualität unter besonderer Berücksichtigung der Neuregelungen der Trinkwasserrichtlinie (RL 98/83/EG) und der Mineralwasserrichtlinie (RL 96/70/EG). Berlin: Wissenschaftlicher Verlag (Zugl.: Hannover, Univ., Diss., 2000)

UMWELTBUNDESAMT (Hrsg.), 1995: Auswirkungen von Güllehochlastflächen in den neuen Ländern auf Böden und Gewässer und Entwicklung von Maßnahmen zur Minderung der davon ausgehenden Umweltbelastungen. Autoren: Manfred Pfaff, Gudrun Schütze. Berlin: Umweltbundesamt

UMWELTBUNDESAMT (Hrsg.), 2001: Nachhaltige Wasserversorgung in Deutschland. Analyse und Vorschläge für eine zukunftsfähige Entwicklung. Autoren: Holger Brackemann, Hartmut Bartel, Helmut Höring, Christoph Kühleis, Jörg Rechenberg, Christian Teuchert. Berlin: Erich Schmidt Verlag

UMWELTBUNDESAMT (Hrsg.), 2012: Klärschlammentsorgung in der Bundesrepublik Deutschland. Autoren: Benjamin Wiechmann, Claudia Dienemann, Christian Kabbe, Simone Brandt, Ines Vogel, Andrea Roskosch. Berlin: Umweltbundesamt

VEREIN ZUR FÖRDERUNG DES INSTITUTS WAR. Wasserversorgung, Abwassertechnik, Abfalltechnik, Umwelt- und Raumplanung der Technischen Universität Darmstadt (Hrsg.), 1999: 10. Gemeinsames Seminar – Abwassertechnik - Folgerungen aus 10 Jahren Abwasserbeseitigung in den neuen Bundesländern – Erfahrungen und Perspektiven. Darmstadt: WAR

VEREINIGUNG FÜR ABWASSER, ABFALL UND GEWÄSSERSCHUTZ – ATV (Hrsg.), 1999: Geschichte der Abwasserentsorgung. 50 Jahre ATV. 1948-1998. Hennef: Gesellschaft zur Förderung der Abwassertechnik e. V. (GFA)

VOLLMER, Sebastian, 2004: Die globale Wasserkrise und das GATS. Göttingen: Cuvillier

WERNICKE, F., 1990: Mikrobielle Antagonismen im Trinkwasserbereich. Charakterisierung autochthoner Filterbiozönosen. Fachgebiet Hygiene, Technische Universität Berlin, Universitätsbibliothek

WULF, P., 2008: Maßnahmen zur Erkennung und Vermeidung von Betriebsstörungen auf Kläranlagen. In: Gesellschaft zur Förderung ... Bochum (Hrsg.), 2008. S. 155-166

Abstract
Erst Cholera- und Typhusepidemien in europäischen Städten führten zur Verbesserung der Hygiene in Zürich, München und Berlin durch öffentliche Wasserver- und –entsorgung. Ehemalige Rieselfelder und Deponien gefährden das Grundwasser. Zur internationalen Diskussion über Nachhaltigkeit (sustainability) gehört die Idee von Wasserkreislaufsystemen. Essbare Fische sind Indikatoren für den ökologischen Zustand von Landschaften. Erst seit 1989 berücksichtigt Deutschland das Einleiten von Phosphor in Gewässer.
Die Qualität von Trinkwasser hängt von den Materialien des Leitungssystems ab. Darin – und in mikrobiellen Filtern – reichern sich Keime an. Nach Ansicht des Bundesamtes für Risikobewertung sind Heißwasserspender für Kräuterteeaufgüsse nicht geeignet, denn Biofilme enthalten unter Umständen gefährliche Bakterien.

Cordula Andrä
ZEGG-Forschungs- und Bildungszentrum GmbH

# Das Ökodorf ZEGG

Die ZEGG-Gemeinschaft will zu einer Wirtschaftsweise beitragen, die Geben und Nehmen verbindet und verantwortlich mit Ressourcen umgeht. Wir erleben immer wieder, dass nachhaltiges Leben und Wirtschaften nicht Verzicht bedeutet, sondern Reichtum und Fülle in den Alltag bringt. (ZEGG = Zentrum für experimentelle Gesellschaftsgestaltung)

Das ZEGG ist keine Selbstversorgergemeinschaft im engeren Sinne. In den Sommermonaten produzieren wir ca. 60% unseres Bedarfs an Frischwaren für die 110 Bewohner und die vielen Seminargäste selbst, der Rest wird nach ökologischen und regionalen Kriterien dazu gekauft. Es ist uns wichtig, die wirtschaftlichen Beziehungen mit der Region zu stärken, deshalb kaufen wir Produkte wie Brot oder Eier bewusst in der Umgebung. Wir setzen auf das Wirtschaften in regionalen Kreisläufen, weil es ein zukunftsfähiges Modell für Kooperation und Nachhaltigkeit ist.

Drei Aspekte unseres Lebens und Wirtschaftens als Ökodorf werden in diesem Artikel vorgestellt - die Bodenverbesserung, der Obst- und Gemüseanbau und die Wassernutzung.

Gesunder Boden - ein Schlüssel zu einer gesunden Natur

Das Gelände der ZEGG-Gemeinschaft war bis Ende der 80-er Jahre im Besitz der Staatssicherheit der DDR. Als eiszeitliches Endmoränengebiet ist der Boden mager und die Vegetation spärlich. Die ZEGG-Gemeinschaft hat das Gelände seit 1991 zu einem üppig von Pflanzen und Tieren bewohnten Garten gemacht. Der erste Schritt zu dieser Vielfalt war die Verbesserung des mageren Sandbodens durch Mulchen mit Laub, Stroh und Pappe. Das Mulchen unterstützt den Bodenaufbau im Zusammenhang mit Tongranulat und Gründüngung (Leguminosen). Nach einigen Jahren ergab sich für das ZEGG die Möglichkeit, das Laub der Stadt Bad Belzig zu übernehmen. Die Gemeinde hatte es zuvor in einer 10 Kilometer entfernten Müllkippe entsorgen und dafür bezahlen müssen. So profitieren heute beide: die Stadt spart die aufwändige Entsorgung und die Gemeinschaft kann intensivere Bodenverbesserung betreiben.

Im Laufe der Jahre ist durch diese Maßnahmen eine Humusschicht entstanden, die sich selbst zu regenerieren begann. Sie ist heute die natürliche Grundlage für einen großen Reichtum an Pflanzen und Tieren. Als der Boden gesunder wurde und die Vielfalt an Pflanzen und Insekten zunahm, kamen die höheren Lebewesen. Inzwischen haben sich auch viele Vögel, Igel, Marder, Kröten, Eichhörnchen und Rehe auf dem Gelände angesiedelt, hin und wieder kommen Wildschweine und Füchse zu Besuch.

Gäste und Bewohner können sich im Sommer überall auf dem Gelände mit frischen Früchten versorgen. Neben den in Brandenburg einheimischen Beeren, Äpfeln, Birnen, Pfirsichen und Pflaumen wachsen Aprikosen, Weintrauben, Kiwis, Maulbeeren und Feigen. Die Sträucher und Bäume fügen sich zusammen zu einer "essbaren Landschaft" - es ist üppige Vielfalt auf einem Gelände entstanden, das von kargen Monokulturen geprägt war. Anders als oft angenommen wird, steht eine dichte menschliche Besiedlung nicht im Gegensatz zu großer biologischer Vielfalt. Mensch und Natur können im Einklang miteinander existieren und voneinander profitieren. Dies ist ein Grundgedanke der Permakultur. Permakultur ist ein Konzept, das auf die Schaffung von naturnahen Kreisläufen abzielt, die sich selbst erhalten. In einer von Menschen ausgelaugten oder zerstörten Landschaft kann der Mensch wieder die Voraussetzungen dafür schaffen, dass die Natur sich regenerieren und gedeihen kann.

Ernten im Einklang mit der Natur - der ZEGG-Garten

Der Garten versorgt die Gemeinschaft und die Seminargäste 6 Monate im Jahr mit Obst und Gemüse. Er ist fast 2 Hektar groß und wird nach den Grundsätzen des ökologischen Landbaus bewirtschaftet. Es werden keine Herbizide, Fungizide oder künstlichen Düngemittel verwendet. Stattdessen nutzen wir Gründüngung und wechseln regelmäßig die Fruchtfolge. Auf diese Weise konnten wir die Erträge bei gleich bleibender Anbaufläche durch erhöhte Bodenfruchtbarkeit über die Jahre steigern. Im Garten wachsen Salate, viele Gemüsesorten wie Möhren, Mais, Lauch oder Grünkohl und verschiedene Obstsorten sowie Schnittblumen. Anders als im sandigen Fläming üblich ist die Erde des Gartens inzwischen reich und fruchtbar - ein Geschenk, das die Gärtner des ZEGG durch Bodenverbesserung aufgebaut haben. Im Garten wird täglich geerntet, das Obst und Gemüse wird in der Küche direkt verarbeitet und kommt frisch auf den Tisch. So ist die Verpflegung für die Seminargäste und die Gemeinschaft der Jahreszeit entsprechend und nach ökologischen Kriterien erzeugt. Essensreste werden kompostiert und im Garten ausgebracht, wo sie als Nährstoff für die Anzucht dienen. Wer diesen Kreislauf miterlebt, fühlt sich mit dem Land verbunden und erlebt auch das Angewiesensein des Menschen auf die Natur. So wird das Bewusstsein für diese Zusammenhänge bei den ZEGG-Bewohnern und den Gästen immer wieder geweckt. Der Garten ist ganz bewusst kein kommerzieller Betrieb, sondern ein Nutz- und Schaugarten. Jeder Gast kann sich hier daran erinnern, was es heißt, auf der Erde zuhause zu sein.

Wertvolles Wasser - regional genutzt

Die ZEGG-Gemeinschaft nutzt ihr Wasser in Form eines regionalen Kreislaufes. Das Trinkwasser wird durch zwei Brunnen auf dem Gelände aus dem Boden entnommen und aufbereitet. Nach der Nutzung wird es gereinigt und sickert wieder ins Grundwasser zurück. Brandenburg insgesamt, aber auch der Hohe Fläming sind trockene Gebiete (im ZEGG 550ml/a) und als solche besonders von den regenarmen Perioden betroffen, die der Klimawandel mit sich bringt. In konventionellen Kläranlagen wird das gereinigte Abwasser in Flüsse geleitet und fließt aus der Region ab. Unser Modell hält das Wasser in der Region und trägt dazu bei, das Grundwasser anzureichern.

Die Abwässer werden in einer Pflanzenkläranlage gereinigt, die seit 1992 auf dem Gelände der ZEGG GmbH in Betrieb ist. Die Feststoffe werden in einem Rottebehälter aus dem Abwasser gefiltert, dann wird es in die Pflanzenkläranlage geleitet. Dort durchströmt es ein künstlich angelegtes Feuchtbiotop aus Schilf und Weiden. An deren Wurzeln siedeln Bakterien, die die eigentliche Reinigungsleistung erbringen. Das Schilf sorgt dafür, dass das Wasser sauerstoffreich (aerob) bleibt und die Anlage geruchsneutral arbeitet. Das Biotop bietet neuen Lebensraum für Vögel und andere Tiere. Das gereinigte Wasser wird schließlich über einen Schönungsteich versickert.

Viele Besucher sind inspiriert davon, dass die Abwässer von durchschnittlich 300 Menschen mit relativ einfachen und naturnahen Mitteln geklärt werden können. Der Wasserkreislauf ist so Modell für einen nachhaltigen Lebensstil und Beitrag zur Umweltbildung.

Das ZEGG ist seit über 20 Jahren Lebensgemeinschaft, Seminarzentrum und Ökodorf. Mehr als 110 Menschen leben und arbeiten auf dem 16 ha großen Gelände in Bad Belzig in Brandenburg. Es ist ein Modellprojekt für neue, kooperative Lebens- und Wirtschaftsformen und eine ökologisch nachhaltige Lebensweise. Ob der Wasserkreislauf weiter bestehen wird, ist zur Zeit offen - die Stadt Bad Belzig will das ZEGG an die öffentliche Wasserversorgung anschließen. Die ZEGG GmbH hat einen Ausnahmeantrag gestellt, damit das ökologische Modellprojekt erhalten bleiben kann.

Aktuelle Informationen zum Stand des Verfahrens und weiteres zum Ökodorf finden sich auf www.zegg.de

ZEGG - Forschungs-und Bildungszentrum GmbH
Rosa-Luxemburg-Str. 89
14806 Bad Belzig
www.zegg.de

Anja Sorges, NABU Landesverband Berlin

# Bleibelastung in Wildfleisch

Frisches Wildfleisch gehört zu den besonderen Genüssen, die die Küche zu bieten hat. Schließlich handelt es sich zumeist um äußerst hochwertiges Fleisch: mager, feinfaserig und ohne Hormonbehandlung oder Anabolika erzeugt. Gerade die Lebensmittelskandale in den letzten Jahren, die vor allem Hausschwein, -rind und Geflügel betrafen, haben die Nachfrage nach Wildbret steigen lassen.
Doch der Verzehr von Wildfleisch birgt durchaus gesundheitliche Risiken. Bei Untersuchungen des Bundesamts für Verbraucherschutz und Lebensmittelsicherheit (BVL) wurden in Wildschweinproben teils extrem hohe Bleikonzentrationen gemessen. Ursache: Die Verwendung bleihaltiger Munition, wie sie bei vielen Jägern immer noch im Einsatz ist.
Besonders machte das hohe Risikopotential dieses Materials nach dem Auffinden diverser vergifteter Seeadler auch in der Öffentlichkeit von sich reden. Besonders in den Wintermonaten hatten diese Greifvögel vermehrt Aufbruch und Wildkadaver gefressen und sich an den Geschossresten vergiftet. Über lange Zeit wurde diese Wirkung in Abrede gestellt, doch mit der zunehmenden Zahl an Untersuchungsergebnissen, ist es mittlerweile Konsens bei Jagdverbänden, Munitionsindustrie und Forstämtern, dass bleihaltige Munition gesundheitliche Risiken für Mensch und Natur birgt.
Seit einigen Jahren geht nun der Umstieg auf bleifreie Alternativgeschosse für die Jagd zwar voran, führt aber durch die großenteils immer noch freiwillige Basis der Umstellung zu zeitlichen Verzögerungen. Seitens der Munitionsindustrie wurde mit der Entwicklung bleifreier Geschosstypen lange gezögert, doch mit wachsender Nachfrage stieg in den letzten Jahre die Anzahl der bleifrei verfügbaren Kaliber, die in der Praxis zuverlässige Ergebnisse liefern.
Leider hilft dies dem Kunden derzeit beim Einkauf von Wildfleisch noch nicht richtig weiter, denn immer noch kann er nicht sicher sein, dass er ein einwandfreies Lebensmittel erhält. Die Gefahr, dass Menschen mit dem Verzehr von Wildfleisch gleichzeitig auch die gesundheitsgefährdenden Konzentrationen des Nervengiftes Blei zu sich nehmen, wurde bislang in der Öffentlichkeit kaum wahrgenommen bzw. diskutiert.
Dabei liegen die Erkenntnisse über die Toxizität von Blei in Wildfleisch seit längerem vor: Bereits in den 1990er Jahren stieß das Bundesamt für Verbraucherschutz und Lebensmittelsicherheit (BVL) und wiederholt in den Jahren 2007 und 2010 im Rah-

men seines Lebensmittelmonitorings auf Wildfleischproben, die den zulässigen Grenzwert von 0,25 mg/kg um ein vielfaches überschritten. Selbst die Mittelwerte aller Proben lagen deutlich höher als bei den anderen untersuchten Schwermetallen und wesentlich über den Grenzwerten für andere Fleischsorten. Die staatlichen Verbraucherschützer empfahlen zunächst, das Fleisch um den Einschusskanal herum herauszuschneiden. Im Bericht von 2007 hieß es dann: „Offenbar dringen einzelne Geschosspartikel tief ins Fleisch ein und sind kaum erkennbar, so dass die bereits im Monitoring 1997 und 1998 empfohlene großzügige Entfernung des Fleisches um den Einschusskanal nicht immer ausreicht, um partielle hohe Kontaminationen zu vermeiden (BVL, 2007)."
Auch im Bericht zur Lebensmittelsicherheit 2010 wurde auf die Bleikonzentration in Wildfleisch hingewiesen. Das ebenfalls mit der Untersuchung beschäftigte Bundesamt für Risikobewertung (BfR) empfahl zeitgleich bei empfindlichen Verbrauchergruppen, wie Schwangeren, Stillenden und Kleinkindern die Bleiexposition durch Wildfleisch zu reduzieren (BVL, 2010). Vor diesem Hintergrund ist das BfR der Auffassung, dass die Bleiaufnahme über Lebensmittel dort, wo es möglich ist, in allen Bevölkerungsgruppen vermieden werden sollte. Außerdem wird empfohlen, bei der Jagd Munition zu verwenden, deren Geschosse kein Blei in das gewonnene Wildbret abgeben (BfR, 2011).
Dass es sich dabei nicht um ein ausschließlich auf Deutschland beschränktes Problem handelt, zeigte bereits 2008 eine Tagung in den USA. Hier wurde aus den verschiedenen Beiträgen über die Wirkung von Blei auf Wild und den Menschen folgende Schlussfolgerung gezogen: „Es wurde gezeigt, dass schädliche Folgen von Blei Erwachsene und Kinder schon in geringerer Konzentration als bisher angenommen, betreffen und als von den aktuellen rechtlichen Vorschriften bislang berücksichtigt wird. Erhöhte Blutbleiwerte, die in menschlichem Blut gemessen wurden, sind auf den Verzehr von mit bleihaltiger Munition erlegtem Wild zurückgeführt worden. Diese Ergebnisse beweisen, dass ein größeres, durch Blei verursachtes Gesundheitsproblem existiert als bisher gedacht. Es sind Menschen des ganzen Kontinents potenziell gefährdet, besonders aber dort, wo Wildfleisch einen bedeutenden Teil der Nahrung darstellt (USA, 2008)."
Blei in Nahrungsmitteln, Trinkwasser oder Luft kann akute oder chronische Vergiftungen hervorrufen. Auch wenn der Verzehr von Wildfleisch bei der deutschen Durchschnittsbevölkerung nicht besonders weit verbreitet ist, bleibt seine Giftigkeit unumstritten. Doch bislang blieben selbst die Messungen von den beschriebenen Extremwerten folgenlos. Derzeit ist es der Gesetzgebung der verschiedenen Bundesländer und der Einstellung der Landeigentümer überlassen, ob sie die Jagd mit

bleihaltiger Munition unterbinden, um spätere Abnehmer von Wildfleisch vor gesundheitlichen Risiken zu schützen.

Seit Beginn der Diskussion über die Verwendung von bleihaltiger Munition setzt sich der NABU dafür ein, dass eine einheitliche gesetzliche Regelung gefunden wird, um bleihaltige Munition zu verbieten. Die vorliegenden Untersuchungsergebnisse bestärken den Naturschutzverband in seiner Forderung an die Verantwortlichen aus Munitionsindustrie, Jägerschaft sowie an die politischen Entscheidungsträger, die derzeit noch in Kauf genommene Gesundheitsgefährdung zu unterbinden.

Für den Verbraucher bleibt indes nur die Möglichkeit beim Kauf von Wildbret nachdrücklich zu fragen, ob bleifreie Munition verwendet wurde oder nicht.

Literatur / Internet

BVL (2007): Bericht zur Lebensmittelsicherheit 2007, Bundesamt für Verbraucherschutz und Lebensmittelsicherheit (Hrsg.)

BVL (2010): Berichte zur Lebensmittelsicherheit 2010, Bundesamt für Verbraucherschutz und Lebensmittelsicherheit (Hrsg.)

BfR-1 (2011): Fragen und Antworten zum Verzehr von Wild, das mit bleihaltiger Munition geschossen wurde, Bundesamt für Risikobewertung (Hrsg.),

http://www.bfr.bund.de/de/fragen_und_antworten_zum_verzehr_von_wild__das_mit_bleihaltiger_munition_geschossen_wurde-127659.html

USA (2008): Tagung „Ingestion of Spent Lead Ammunition: Implications for Wildlife and Humans" in Boise, Idaho, 12.-15.08.2008, Closing Remarks, Prof. Ian Newton.

Martin Gsell

# Containern: Nahrungsmittel im Abfall. Ein Blick über den Tonnenrand

„Dunkel gekleidete Menschen rennen durch die Nacht, Taschenlampen blitzen auf. Eine Kette rasselt, das Tor quietscht. Es ist offen wie jeden Donnerstag. Schnell! Hier im Container ist Brot, dort Gemüse und Obst, da drüben Joghurt. Rucksäcke werden gefüllt, Reißverschlüsse geschlossen. Die Kette rasselt und leise Schritte verhallen in der Nacht."

In der politischen Praxis des Mülltauchens (oder auch Containern) wirkt der bewusste Regelübertritt als praktische Kritik am bestehenden Produktions- und Verwertungsprinzip und konkret in Form der Aneignung von Mitteln, die in Bezug stehen auf subjektive Bedürfnisfragen der eigenen und/oder kollektiven Ernährung.

Beim Containern werden noch genießbare Lebensmittel aus den Abfallcontainern der Supermärkte wiederverwendet. Meist finden sich dabei Menschen in Gruppen zusammen und erforschen unbewachte Müllcontainer von Supermärkten und Großbäckereien nach noch Genießbarem.

Das Nahrungsmittelangebot der Container erstreckt sich dabei über fast die gesamte Produktpalette. Darunter findet sich Brot, Gemüse und Obst, auch abgepackte Nahrungsmittel wie Joghurt, Säfte etc.

Diese so erbeuteten Nahrungsmittel werden dann in privaten Küchen und Wohngemeinschaften, nicht selten aber auch in öffentlich zugänglichen subkulturellen Räumen, wie den s.g. Volxküchen[1], zubereitet.

Das Containern zeigt zweifellos, dass nicht zu vernachlässigende Mengen an Nahrungsmitteln, die als Abfall angefallen sind, einer weiteren Verwendung als Mittel zur Bedürfnisbefriedigung noch dienen können.

In einer aktuellen Studie der Universität Stuttgart wird ein gesamtes Aufkommen an Lebensmittelabfällen von 10.970.000 Tonnen pro Jahr in Deutschland ermittelt. Dabei werden diese zu ca. 61 % von Haushalten weggeworfen, auf Großverbraucher und Industrie entfallen jeweils ca. 17 %. Für die Haushalte wurde in der Studie geprüft, welche Abfälle vermeidbar, also „zum Zeitpunkt ihrer Entsorgung noch unein-

1 In größeren Städten wie Berlin und Hamburg gibt es ein fast tägliches Angebot an meist veganen und vegetarischen Speisemöglichkeiten, siehe http://stressfaktor.squat.net/vokue.php?day=all, http://www.nadir.org/nadir/initiativ/bewegungsmelder/index2.htm

geschränkt genießbar oder wären dies bei rechtzeitiger Verwendung gewesen."[2] Dabei schätzten die Forscher, dass gerade einmal 35 %, also 2,34 Mio. Tonnen der haushaltsnahen Lebensmittelabfälle unvermeidbar sind und 65 % vermeidbar oder teilweise vermeidbar wären. Das entspricht einer gemittelten Höhe von 4,24 Mio Tonnen, oder zwischen 46,2 und 59,9 kg pro Kopf pro Jahr.

Das im deutschen Handel anfallende gesamte Abfallaufkommen beläuft sich demnach auf 5 % oder 550.000 Tonnen pro Jahr, wobei 310.000 Tonnen in Abfallcontainern landen und der Rest an karitative Einrichtungen, wie die Tafel, geht.

Pro Einzelhandelsunternehmung macht das pro Tag im Schnitt 25 kg an Lebensmittelabfällen.[3]

Die praktische Form der Aneignung beim Containern stellt eine kollektive Intervention dar, die dabei zentrale rechtliche, soziale, ökonomische und ökologische Fragen aufwirft. Diese werden nun im Weiteren eingehender beleuchtet.

Eine naheliegende Frage berührt die Legalität der Handlungen.

Beim Containern werden bewegliche Gegenstände mit Abfalleigenschaft den Behältnissen entnommen und einer anderen Verwendung zugeführt. Im Kreislaufwirtschaftsgesetz werden „(...) alle Stoffe oder Gegenstände, derer sich ihr Besitzer entledigt, entledigen will oder entledigen muss (...)" als Abfall definiert (§ 3 Abs. 2,1 KrWG). Hierbei wird deutlich, dass der Entledigungswille des Besitzers für die Abfalleigenschaft grundlegend ist. Grundsätzlich ändert sich dabei nichts an den Eigentumsverhältnissen, die Abfälle gehören immer noch ihrem „Entlediger". Somit ist beim Containern der Tatbestand des Diebstahls nach § 242 StGB zu prüfen. Bei Lebensmittelabfällen kann von geringwertigen Sachen im Sinne von § 248a StGB ausgegangen werden, womit es sich damit möglicherweise um ein Antragsdelikt handelt und eine Bestrafung eine entsprechende Anzeige voraussetzt.

Da die Müllcontainer selten frei zugänglich sind, müssen bei den Containerbesuchen auch Mauern und Zäune überklettert werden, was den Tatbestand des Hausfriedensbruchs nach § 123 StGB erfüllen könnte. Sogar der Tatbestand des besonders schweren Diebstahls nach § 243 StGB wäre möglicherweise anwendbar, da Container „verschlossene Behältnisse" darstellen, deren Inhalt „besonders gegen Wegnahme gesichert ist"!

Die Entnahme von Lebensmitteln aus Abfallcontainern erfüllt somit in der Regel den Tatbestand des Diebstahls, unter Umständen sogar des schweren und den des Hausfriedensbruchs, auch wenn noch keine Sachbeschädigungen an Schlössern

2 Kranert et al.: „Ermittlung der weggeworfenen Lebensmittelmengen und Vorschläge zur Verminderung der Wegwerfrate bei Lebensmitteln in Deutschland", Universität Stuttgart, Institut für Siedlungswasserbau, Wassergüte- und Abfallwirtschaft, 2012

3 Es ist zu beachten, dass diese Zahlen eine breite statistische Streuung aufweisen und hier Medianwerte angegeben werden.

oder Gittern erfolgt sind. In Sachsen wurden 2008 in einem Zeitraum von 18 Monaten mindestens 9 Personen polizeilich in diesem Zusammenhang angezeigt.[4]
Die Schwere der Strafen, die sich den genannten Tatbeständen anschließen können, (auch wenn in der juristischen Praxis am Ende der Verfahren die Anklagen doch eher fallen gelassen oder unter Auflagen eingestellt wurden) zeigen doch, dass die Eigentumsrechte bis zur letzten Konsequenz durchgesetzt werden.
Gemeinhin ruft die Verschwendung von Lebensmitteln allgemeine moralische Empörung hervor. Da werden bei älteren Menschen in Deutschland eigene Erinnerungen an Hungerzeiten wach, oder die viel zitierten Hungernden Afrikas drängen sich ins moralische Bewusstsein.
Im gleichen Maße, wie die moralische und ethische Beurteilung dem juristischen Urteil über das Containern entgegensteht, besteht ein Widerspruch in diesem Zusammenhang, wenn die Befriedigung von Bedürfnissen eine Grundmaxime der bestehenden Wirtschaftsordnung darstellen soll. Wirtschaft wird hier verstanden als ein zielgerichteter Prozess der Allokation knapper Mittel, der letztlich der Bedürfnisbefriedigung dienen soll.
Ein Grundpfeiler der ideologischen Legitimität, der auf Privateigentum basierenden kapitalistischen Marktwirtschaft, ist die volkswirtschaftliche Mehrung des Wohlstandes (oder auch Wohlfahrt) der an dieser Veranstaltung beteiligten Gesellschaft. Das Wachstum des Bruttoinlandprodukts dient als Erfolgsindikator und Messlatte, woran wiederum eine Fülle weiterer Indizes und Entscheidungsregeln mit realen Auswirkungen gekoppelt sind.
In ihrer spezifischen Verfasstheit richtet sich diese Mehrung des Wohlstandes sowohl qualitativ als auch quantitativ ausschließlich an den Bedürfnissen aus, die mit Zahlungsfähigkeit ausgestattet sind. Dies ist gleichbedeutend damit, dass selbst grundlegendste Bedürfnisse derjenigen, die über keine Zahlungsfähigkeit verfügen, keine Berücksichtigung in der Allokation von Ressourcen und im Produktionsprozess finden. Für diese Bedürfnisse sind zunächst keine Mittel vorgesehen. Stattdessen erfolgt die Zuteilung der Inputfaktoren qualitativ und quantitativ der relativ höheren Rentabilität. Erst dann, wenn staatliche oder andere karitative Transfers hinzukommen und Zahlungsfähigkeiten (um)verteilen oder durch ordnungspolitische Maßnahmen in das so bezeichnete freie Spiel der Marktkräfte eingreifen, finden diese Bedürfnisse Berücksichtigung. In der Konsequenz werden die mobilisierbaren Ressourcen auf den Wettkampf um die Zahlungsfähigkeiten ausgerichtet. Die Folge sind u.a.

4 Kleine Anfrage des Abgeordneten Falk Neubert, Fraktion DIE LINKE an die sächsische Landesregierung. Thema: „Anzeige wegen der Entnahme von Lebensmitteln mit abgelaufenem Haltbarkeitsdatum aus Abfalltonnen“, Drs.-Nr.: 4/15223, Sächsisches Ministerium des Inneren, 2009

viele verschiedene Sorten von Joghurtprodukten von unterschiedlichen Herstellern im Supermarktregal!
Eine Handlung wie das Containern, die auf die direkte Befriedigung von Bedürfnissen abzielt, wird rechtlich kriminalisiert, da sie eine ungewollte ökonomische Handlung beinhaltet und gegen die herrschende Eigentumslogik verstößt. Kriminalisiert, aber dennoch moralisch und ethisch im Recht?
Im subversiven Charakter der Handlung offenbart sich ein wichtiger Grundwiderspruch der Marktlogik: Herstellung und Verkauf sind an der reinen Tauschlogik, dem Profitstreben ausgerichtet, nicht an den bestehenden Bedürfnissen. Die Befriedigung von Bedürfnissen spielt hierbei eine nur nachgelagerte Rolle, wenn überhaupt.[5] Für das bestehende Produktions- und Handelsregime interessiert in erster Linie der Kaufakt an sich, nicht was der Konsument mit dem erworbenen Gut anfangen kann. Für eine an der Tauschlogik orientierte Ökonomie ist das Ausschlussprinzip, welches durch die Eigentumslogik vermittelt wird, eine wichtige Voraussetzung. Die alleinige Verfügungsgewalt über eine Sache liegt beim Eigentümer. Dieser kann andere von ihrem Gebrauch und ihrer Nutzung ausschließen, auch wenn sie eine bessere Verwendung oder höhere Notwendigkeit dafür hätten. Diese „bessere Verwendung" zeigt sich durch die Entnahme und Weiterverarbeitung von Nahrungsmitteln beim Containern und stellt so den Zusammenhang her zwischen Produkten und deren Gebrauch und Verteilung.
Außerdem: sind Nahrungsmittel, z.B. wegen dem Mindesthaltbarkeitsdatum oder Verpackungsfehlern nicht mehr verkäuflich, aber trotzdem noch genießbar, können diese nicht einfach frei vergeben werden. Ansonsten würden diese Güter gekaufte Produkte ersetzen und einen realen wirtschaftlichen Schaden verursachen. Die freiwillige Abgabe von abgelaufenen Lebensmitteln an karitative Einrichtungen wie die Tafel fügt sich hierbei in die Tauschlogik, wenn davon ausgegangen wird, dass deren Aktivitäten keine zahlungsfähige Nachfrage substituieren. Deren Empfänger sind zwar „Verbraucher", verfügen aber nicht über Liquidität oder nicht in ausreichendem Maße.
Diese Art systematisch induzierter Verschwendung hatte der Ökonom K.W. Kapp in dem Begriff der sozialen Kosten berücksichtigt. Soziale Kosten umfassen hierbei „(...) alle diejenigen negativen Effekte und Verluste, die dritte Personen oder die Allgemeinheit als Folge der Produktion zu tragen haben und für die der Unternehmer nicht ohne weiteres belangt werden kann."[6] Ausdrücklich fasste er die Bedeutungen

5 Geplante Obsoleszenzen in technischen Geräten, die zu schnellerem Verschleiß führen und auf schnellere Konsumzyklen ausgerichtet sind, führen dies anschaulich vor.
6 K.W. Kapp: „Soziale Kosten der Marktwirtschaft: das klassische Werk der Umwelt-Ökonomie", Fischer, Frankfurt am Main, 1979

soweit, dass sie „sogar gewisse soziale 'Opportunity Costs' einschließen, die in Form von Verschwendung und sozialen Mängeln verschiedener Art auftreten."

Die Praxis des Containerns behebt aus dieser Sicht das Auftreten sozialer Kosten, da ansonsten verschwendete Güter als Mittel zur Bedürfnisbefriedigung dienen und auf diese Weise sozialen Mängeln graduell entgegenwirken. Die Wirkung verstärkt sich durch das soziale Gefüge und die Kulturformen, in welche diese Praxis eingebettet ist.[7] Die Beschaffung noch genießbarer Lebensmittel begründet sich auf vorhandenem Interesse und erfordert und schafft hierdurch soziale Interaktion und eröffnet weitere gesellschaftliche Räume. Dabei spielen die subjektiven Einstellungen der Akteure eine wesentliche Rolle. Das spiegelt sich auch in der Nutzung und Verteilung der Güter wider.

Der Begriff der sozialen Kosten umfasst bei Kapp ausdrücklich soziale, wie auch die ökologischen Auswirkungen ökonomischer Prozesse. Die eingangs beschriebenen groben Daten zu Lebensmittelabfällen in Deutschland stellen nur die eine Seite dar, wie bei einer ökologischen Betrachtung deutlich wird.

Die ökologische Betrachtung richtet sich am gesamten Lebenszyklus aus, wobei Lebensmittelabfälle das Ende markieren und gleichzeitig deren Verwertung und Entsorgung beginnt.

Hierbei sind die relevanten Umweltauswirkungen entlang des gesamten Lebensweges der weggeworfenen Abfallmassen zu berücksichtigen. Von der Entnahme aus der Natur bis zur schlussendlichen Entsorgung werden die relevanten Prozesse betrachtet und deren Auswirkungen auf diverse Umweltmedien untersucht. Dabei werden die Vorketten der Produktion betrachtet, die Bereitstellung von Energie, die aufgewendeten Materialflüsse und Abraummassen. Diese Betrachtung erfolgt entlang der Distributions-, Handels-, Verkaufs- und Nutzungsphasen.

Die Auswirkungen auf das Klima durch hohe Methanausstöße, Überdüngung von Flüssen und Seen durch den Eintrag von Phosphaten und Nitraten, Beanspruchung fossiler Ressourcen für Dünger-, Herbizid- und Pestizideinsatz, sowie die Flächenbeanspruchung und Wasserentnahmen sind einige wichtige Schwerpunkte.

Zusammenfassend soll der Blick über den Tonnenrand hinaus gezeigt haben, dass mit Nahrungsmittelabfällen Aspekte verbunden sind, die einer ersten Betrachtung verborgen bleiben.

Abfall ist Materie am falschen Ort. So lautet das zentrale Statement von Michael Thompsons „Theorie des Abfalls – Die Zerstörung der Werte" (erschienen 1981 in Stuttgart bei Klett-Cotta).

7 Der Begriff der Einbettung ökonomischer Prozesse in die Gesellschaft ist insbesondere durch Karl Polanyi geprägt worden und findet hier einen Bezugspunkt.

In dieser kulturgeschichtlichen Abhandlung des Abfalls betont er die gesellschaftliche Konstruiertheit von Wertem und Unwertem. Er verweist in diesem Zusammenhang gleichzeitig auf die Narrative, in welchen die Geschichte der Gesellschaft durch ihre Abfälle erzählt wird.

Nahrungsmittelabfälle erzählen in diesem Zusammenhang eine besondere Geschichte. In der Geschichte der Nahrungsmittelabfälle zeigen sich deutlich die Auswirkungen der kapitalistischen Produktionsweise.

Angefangen von den bestehenden Eigentumsverhältnissen und den zugehörigen Macht- und Herrschaftsapparaten die nötig sind, selbige in globalem Maßstab durchzusetzen. Weiter über die Allokation und Verteilung der produktiven Kräfte und Produktionsmittel bis hin zum Kommando der (relativen) Zahlungsfähigkeiten über die zur Befriedigung der Grundbedürfnisse nötigen Mittel. Dieser Narrativ, verborgen im Abfall, erzählt eine Geschichte der politischen Ökonomie der Bedürfnisbefriedigung.

Hartmut Salzwedel

# Technische Wartung und Verantwortung. Teil I

Inhalt



## 1 Einleitung

Die Versorgung mit Trinkwasser und Entsorgung von Abwässern zählen zu den überzeugendsten Beispielen für die Dringlichkeit einer Instandhaltung technischer Strukturen und Funktionen.

Um die Aktualität und Alltagsrelevanz des Themas im Technologie-Transfer zu veranschaulichen, wird aus einer Presseveröffentlichung berichtet: „... bei Generatoren und anderen technischen Geräten ist die Wartung ein Problem bei der Übergabe ... Wegen mangelnder Kenntnisse bei der Wartung sind sie oft rasch nicht mehr nutzbar." (Sanitäranlagen beim begonnenen Abzug der Bundeswehr aus Afghanistan, Berliner Morgenpost, 3. Sept. 2012, S. 4)

Fragen nach Handlungskompetenzen (Persönlichkeit, Ausbildung) stellen sich empirisch und theoretisch. Ist es, wie Hack zweifelt, überhaupt möglich, industrielle Innovationsprozesse in allen Fällen gleichzusetzen mit Technologie- und Wissenstransfer? (Vgl. Hack, 1998, S. 185) „Der lange Weg zum Verständnis der Transformationsprozesse wird immer wieder zurückgeworfen durch modische Konzepte, die die Problemstellungen auf Themen wie „Wissensmanagement" und „Wissenslogistik" verkürzen." (S. 185) Inwieweit ist es nötig, fachwissenschaftliche Details technologischer Anwendungsmöglichkeiten ihren Nutzern durchschaubar zu machen? Beispielsweise sind mathematische Kompetenzen für „Verfahrenstechnische Überlegungen zur Modellbildung in der biologischen Abwasserbehandlung" (Brake / Groza 2006, S. 21 ff.) Ausdruck gesellschaftlicher Arbeitsteilung. Es ist in der Regel nicht möglich, sie dem Alltagsnutzer zu vermitteln, wo immer er lebt, aber wie denken darüber Entscheidungsträger oder spezialisierte Mathematiker als Partner im Technologie-Transfer? Wie detailliert müssen Transferansätze im Bereich der Wasserhygiene sein, um Funktionalität zu gewährleisten? Wie wirkt sich ein jeweiliges kulturelles Umfeld aus, welche Rolle spielen individuelle und institutionelle Einsichts- und Entscheidungsfähigkeit? Wie verbreitet man ein Verstehen hygienischer Risiken durch Bakterienschleime in Trinkwasserbereichen? (Vgl. Wernicke 1990)

## 2 Ingenieure und Sozialwissenschaftler über technischen Transfer und Handlungskompetenzen von Individuen und Institutionen

Über Transfer und Chancen der Implementation von Technologien liegen längst Einsichten und Erfahrungen vor, die jedoch immer wieder neu in der Anwendung zu prüfen sind. Dabei „gewinnen nicht nur Organisationsstrukturen und Spezialkenntnisse zunehmend an Bedeutung, sondern auch bestimmte Persönlichkeitsprofile und Handlungsmuster in ihrer sozio-kulturellen Bedingtheit." (Salzwedel 1993, Soziokulturelle Hindernisse ... S. 266) Technologische Prozesse bzw. die Akzeptanz ihrer Zwischenergebnisse verlaufen parallel zu sozialen und mentalen. (Fischer-Barnicol 1980, S. 136) Funktional wünschenswert ist eine verstärkte Tendenz zur Sachorientierung zu Lasten traditionell vorherrschender Personenorientierung. Für wirtschaftlich relevant hält Wichiencharoen bestimmte Verhaltensweisen von Individuen: „Their education, knowledge and skill, their health, their initiative, their organizational and enterpreneurial ability, their attitude towards work, wealth, incentives and their acceptance of innovations ... " zählt er auf. (Wichiencharoen 1980, S. 77) Aber sind das Universalien des Verhaltens, die Unterschiede bei der Realitätserfassung zeigen?

Bei der Suche nach Kriterien, die nicht kulturspezifisch sind, erweist sich das soziale Regelverhalten als entscheidend neben zeitlicher und räumlicher Orientierungsfähigkeit. Mangelnde „Beständigkeit und Widerspruchslosigkeit im Erziehungsverhalten" scheint zu geringerer „Stetigkeit im Verhalten des Kindes und weitgehend auch des Erwachsenen" zu führen. (Salzwedel 1993, Soziokulturelle Hindernisse ... S. 269) Eine „geringe Objektkonstanz gegenüber Personen, Sachen, Unternehmungen" und Normen im Sinne von gesellschaftlichen Spielregeln" verstetigt sich. „Besonders hervorzuheben ist die häufige Erscheinung, eine technisch notwendige Wartung von Geräten hinauszuschieben oder zu unterlassen, sobald eine äußere Kontrolle (Anleitung, Aufsicht) entfällt." (S. 269)

Eine Vertiefung von Diskussionen zwischen Ingenieuren und Sozialwissenschaftlern über Fragen nach Zusammenhängen zwischen Handlungskompetenzen und technischem Transfer erscheint sinnvoll. (Vgl. Salzwedel, 1993, Voraussetzungen ... S.290)

Naturwissenschaftlich-technische Optimierung und sozialwissenschaftliche Deutung können gemeinsam wirken. Es liegt der Vorschlag vor, das Verhältnis von Technik,

Wissenschaft und Kultur als „Integration“ zu denken: „Das Hybrid von Technik und Wissenschaft (kurz: Technologie) ist zu einem der zentralen Aspekte der Kultur geworden, zu denken ist „Technologie a l s ‚Kultur'“.“ (Zimmerli, 1997, S. 13)

3 Sozialgestalt von Technik und eine Kontinuität von Grundproblemen

Weil es eine Kontinuität von Grundproblemen gibt, ist der folgende Text ein Wiederabdruck aus meinem Habilitationsvortrag an der Technischen Universität Berlin (1992!).

„Wird Technik / Technologie als ein sozial-kulturelles System begriffen (vgl. VENTE 1980), ist es vorhersehbar, daß ein Transfer aus seinem Entstehungszusammenhang heraus, also in eine andere Sozialstruktur hinein, Kernfragen individueller und gesellschaftlicher Kompetenzen aufwirft. Häufig wird dieser Gedanke ignoriert bzw. nicht nachvollzogen. Ausweichend erscheint Techniktransfer lediglich als Chance, sich in Gestalt jeweiliger Technik ein nützliches Instrument verfügbar zu machen. Ein derartig reduktionistischer Ansatz muß als weitverbreitet außerhalb industrieller Ballungszentren angesehen werden. Erst die Erlebnisdimension erlaubt in vielen Fällen eine grundsätzliche und weitreichende Erweiterung des Erkenntnisstandes bezüglich vorher nicht erkannter Zwänge zu Veränderungen von Denk- und Handlungsmustern. Beispielhaft zu nennen ist eine Entscheidungsfindung, die sich mehr an Personen als an Fakten orientiert oder an Geistern und Dämonen anstelle des eigenen Geistes.

Technikimmanente Rationalität spiegelt das gesellschaftliche Umfeld eigener Entstehungsbedingungen. Der Transfer in eine Umgebung mit vorwiegend anderen Lebensentwürfen führt unvermeidlich in die Alternative reduzierter Funktionen oder zerstörerischer Einflüsse.

Ein Abwägen zwischen wirtschaftlichem Nutzen und häufigen sozialen Verlusten soll hier nur angedeutet, aber nicht vorgenommen, stattdessen der dem Nützlichkeitsdenken (Technik als bloßes Instrument) innewohnende Illusionismus betont werden.

Aus der Sicht von Betroffenen liegen Schilderungen vor, wie technologischer Wandel eine soziale Infrastruktur im Namen wirtschaftlichen Wachstums zu zerstören droht. In einer idealtypischen Gegenüberstellung widersprechen sich Verhaltensgewohnheiten aus agrarischer und industrieller Umgebung vor allem in den folgenden fünf Punkten (WICHIENCHAROEN 1980).

Erstens: Erwartende Haltung und inaktives statt tatkräftiges Handeln. Zweitens: Handeln mehr gemäß Gewohnheit denn Kompetenz des Spezialisten. Drittens: Befehle statt Regeln. Viertens: Egozentrismus statt Kooperation und Organisation. Fünftens: Autoritätsorientierung (z. B. Status des Älteren) statt Sachorientierung.

Im ersten Falle steht der zügigen Einführung veränderter Arbeitsmethoden ein Beharrungsvermögen entgegen, das einem verbreiteten Bedürfnis nach Konformität im Rahmen des Überlieferten entspricht. Initiative und Neuerungssucht stehen dem auf grundsätzliche Weise entgegen. Auch im zweiten Falle stößt technische Kompetenz wegen des ihr innewohnenden Trends zu Neuerungen auf abwehrendes Festhalten an Vertrautem. Zum dritten Punkt ist zu sagen, daß dabei industrielle Normen gering erachtet werden, d. h. schwerlich Kontinuität erlangen, und zwar mit weitreichenden Folgen für die (mangelnde oder teilweise ausbleibende) Wartung von Geräten. Die im vierten Punkt angesprochenen Persönlichkeitsmuster deuten auf die Notwendigkeit zusätzlicher interkultureller Analysen zu primärer und sekundärer Sozialisation. Beim fünften Punkt ist auf das Risiko gesellschaftlicher Stagnation hinzuweisen, dem eine Veränderung moralischen Bewusstseins entgegenwirken könnte.
Insgesamt bleibt angesichts der Gleichzeitigkeit derartiger, teils direkt entgegengesetzter persönlicher Erwartungen oder gesellschaftlicher Anforderungen (VENTE 1980) als vorläufiger Ausweg für die Betroffenen auch weiterhin nur eine Zwiespältigkeit, d. h. der Versuch des Zurechtfindens in zwei verschiedenen Wirklichkeiten (BOESCH 1970, 1971/1963). Nicht jede innerkulturelle Rationalität ist schnell und reibungslos mit technischer Rationalität zu vereinbaren." (Salzwedel 1993, Voraussetzungen im Sozialisationsprozess für die Akzeptanz technischer Entwicklung. ... S. 276-277)
Es lässt sich über eine Sozialgestalt von Technik sprechen. „Technikmodell und Sozialmodell, die häufig auseinanderklaffen, wie das Beispiel der Informations- und Kommunikationstechnologie zeigt, bedürfen einer Versöhnung, wenn die Akzeptanz von Technik erhöht werden soll." (Salzwedel 1993, Voraussetzungen ... S. 280. Vgl. Petermann / von Thienen 1988)
Technikakzeptanz und Technikerhaltung bleiben untrennbar verknüpft.

## 4 Qualitätssicherung im soziokulturellen und politisch-ökonomischen Rahmen

Weil „das Technische Artefakt bestimmte Anforderungen erfüllt" oder erfüllen soll, werden Soll- und Iststand dokumentiert, z. B. bei Rohrleitungen. (Simon 2008, S. 70-71) Aus Sicherheitsgründen gibt es häufig technische Wiederholungsprüfungen. So entsteht eine technische Biografie als Qualitätsbeleg. (S. 71) „Technisches Wissen ist praktisches Handlungswissen", „technisches Handeln hat theoretische Voraussetzungen und „technisches Handeln führt zu Erlebnisqualitäten, die die Handelnden nur durch den Gebrauch der einzelnen Techniken haben können." (Gil 2008, S. 108) Letztlich sind „einzelne Techniken als Technisierungsprojekte ... immer auch soziokulturelle und politisch-ökonomische Projekte." (Gil 2008, S.108)

Qualitätssicherung als Instandhaltung im Sinne von Simon (2008) spielt sich auf einer interindividuellen Ebene ab, auf der kein verflüssigter Subjektbegriff (Vgl. Grab-Schmidt 2002, S. 92) als angeblicher Handlungsträger fungiert.

Bei der Instandhaltung werden Ist- und Sollzustand abgeglichen (Simon 2008, S. 95), das bedeutet meines Erachtens angenähert. Instandhaltung und Wartung sind in DIN 31051 geregelt, als Wartung gelten „Maßnahmen zur Bewahrung des Sollzustandes von technischen Mitteln eines Systems". (S. 97) Für „zukunftsorientierte Instandhaltung" wird auf eine entsprechende VDI-Richtlinie verwiesen. (Simon 2008, S. 99)

Durch Abnutzung und Verbrauch verringert sich die Verlässlichkeit technischer Kunsterzeugnisse. Instandhaltung und Technische Sicherheit gehören untrennbar zusammen. „Der hohe Rang des Wertes Sicherheit" ist „den Institutionen Staat, Recht, Technik und Instandhaltung als Werteträgern gemeinsam". (Simon 2008, S. 32) Ebenfalls gemeinsam ist ihnen die Idee der Verantwortung, „ein formales Konzept ... , bei dem die sittliche Bindung eines Subjektes an die Folgen von Handlungen betrachtet wird." (Simon 2008, S. 262)

Zur Verantwortungsbereitschaft gehört die Verantwortungsfähigkeit, ein im Teil II zu analysierendes Problem. Teil III erläutert praxisrelevante Universalien des Denkens und Handelns.

Der Verfall Technischer Artefakte kann sich beschleunigen; „Einer besonderen Form von Verfall, ... als Überformung des Technischen Artefakte durch Naturgestaltung beschrieben, gelten Forschungsbemühungen von Chemikern und Mikrobiologen: Der zum Untergang führenden Besiedlung von Steinen, Metallen und Farbschichten durch Mikroben und Pilze." (Simon 2008, S. 103)

## 5 Literatur


BOESCH, Ernst Eduard, 1970: Zwiespältige Eliten. Eine sozialpsychologische Untersuchung über administrative Eliten in Thailand. Bern u. a.: Huber

BOESCH, Ernst Eduard, 1971 (1963): Zwischen zwei Wirklichkeiten. Prolegomina zu einer ökologischen Psychologie. Bern u. a. : Huber

BOESCH, Ernst Eduard, 2000: Das lauernde Chaos. Mythen und Fiktionen im Alltag. Bern, Göttingen, Toronto: Verlag Hans Huber

BRAHA, Alexandru / GROZA, Ghiocel, 2006: Moderne Abwassertechnik. Erhebung, Modellabsicherung, Scale-up, Planung. Weinheim: WILEY-VCH Verlag

BUGGLE, Franz, 2001/1985: Die Entwicklungspsychologie Jean Piagets. Stuttgart, Berlin, Köln: W. Kohlhammer. 4. Auflage

BUNDESMINISTERIUM FÜR WIRTSCHAFTLICHE ZUSAMMENARBEIT (Hrsg.), 1982: Die Bedeutung sozio-kultureller Faktoren in der Entwicklungstheorie und –praxis. München, Köln, London: Weltforum Verlag

FISCHER-BARNICOL, Hans A., 1980: Zur Ökonomie technischer Entwicklungen. Reflexionen über Voraussetzungen der Innovation. In: Die Dritte Welt. Jg. 8, Nr. 2, S. 115-143

GIL, Thomas, 2008: Technisches Wissen. In: Poser, Hans (Hrsg.), 2008: Herausforderung Technik. S. 97-109

GLOTZBACH, Ulrich, 2006: Technikstil und Gestalt. Zur Ethik gestaltenden Handelns. Hamburg: Merus Verlag

GORDESCH, Johannes / SALZWEDEL, Hartmut (Hrsg.), 1993: Sozialforschung in Ostdeutschland. Frankfurt am Main, Berlin, Bern u. a.: Peter Lang, Europäischer Verlag der Wissenschaften

GRÄB-SCHMIDT, Elisabeth, 2002: Technik-Ethik und ihre Fundamente. Dargestellt in Auseinandersetzung mit den technikethischen Ansätzen von Günter Ropohl und Walter Christoph Zimmerli. Berlin, New York: Walter der Gruyter

HACK, Lothar, 1998: Technologietransfer und Wissenstransformation. Zur Globalisierung der Forschungsorganisation von Siemens. Münster: Verlag Westfälisches Dampfboot

OESTERDIEKHOFF, Georg W., 2006: Kulturelle Evolution des Geistes. Die historische Wechselwirkung von Psyche und Gesellschaft. Hamburg: LIT Verlag

PETERMANN, Thomas / THIENEN, Volker von, 1988: Technikakzeptanz. Zum Karriereverlauf eines Begriffes. In: Westphalen, Raban Graf von (Hrsg.), 1988: Technikfolgenabschätzung – als politische Aufgabe. München, Wien: Oldenbourg. S. 211-254

POSER, Hans (Hrsg.), 2008: Herausforderung Technik. Frankfurt am Main: Peter Lang. Internationaler Verlag der Wissenschaften

REINHARD, Michael / SCHMALHOLZ, Heinz, Mitarbeit von Leander Schneider, 1996: Technologietransfer in Deutschland. Stand und Reformbedarf. Berlin, München: Duncker & Humblot

ROBLES, Fernando, 1982: Die Modifikationen der zeitlichen Strukturen gesellschaftlicher Einheiten durch die Einführung von Entwicklungsprogrammen. In: Bundesministerium für wirtschaftliche Zusammenarbeit (Hrsg.), 1982: Die Bedeutung sozio-kultureller Faktoren in der Entwicklungstheorie und –praxis. München, Köln, London: Weltforum Verlag. S. 209-233

RÖSSING, Sönke M., 2005: Technology Transfer to China. Conflict of Interest within Multinational Corporations. Norderstedt: Books on Demand (Zugl. WHU-Otto Beisheim Graduate School of Management, Diss., 2005)

ROTHHOLZ, Petra, 1986: Barrieren im Technologie-Transfer. Frankfurt am Main, Bern, New York: Peter Lang. (Zugl. Berlin, Freie Universität, Diss., 1985)

SALZWEDEL, Hartmut, 1993: Sozio-kulturelle Hindernisse des Technologie-Transfers. In: Gordesch / Salzwedel (Hrsg.), 1993: Sozialforschung ... S. 266-274

SALZWEDEL, Hartmut, 1993: Voraussetzungen im Sozialisationsprozess für die Akzeptanz technischer Entwicklung. Vortrag an der Technischen Universität Berlin. In: Gordesch / Salzwedel (Hrsg.), 1993: Sozialforschung ... S. 275-295 (Habilitationsvortrag)

SALZWEDEL, Hartmut, 2006: Werte. In: Siggelkow, Ingeborg (Hrsg.), 2006: Werte und Weltbilder. Frankfurt am Main, Berlin, Bern u. a.: Peter Lang, Europäischer Verlag der Wissenschaften. Reihe Kulturwissenschaften. Band 3. S. 145-150

SALZWEDEL, Hartmut, 2006: Kategoriale Soziologie. In: Siggelkow, Ingeborg (Hrsg.), 2006: Gedächtnis, Kultur und Politik. Berlin: Frank & Timme. Verlag für wissenschaftliche Literatur. Reihe Berliner Kulturanalysen Band 1.S. 139-148

SALZWEDEL, Hartmut, 2008: Magisches, symbolisches und reales Denken. In: Siggelkow, Ingeborg (Hrsg.), 2008: Symbole und Werte. Frankfurt am Main, Berlin, Bern u. a.: Peter Lang, Internationaler Verlag der Wissenschaften. Reihe Kulturwissenschaften. Band 4. S. 37-40

SALZWEDEL, Hartmut, 2010: ZEIT und SYMBOL als Kategorien. Berlin: Universitätsverlag der Techn. Univ. Berlin. Reihe Individuum und Technik. Band 1. (Zugl.: - hier ergänzte, bisher nicht veröffentlichte - Habilitationsschrift, Techn. Univ. Berlin, 1992)

SALZWEDEL, Hartmut, 2010: ZEIT als Zeiterleben, Zeitorientierung und Zeitperspektive. Berlin: Universitätsverlag der Techn. Univ. Berlin. Reihe Individuum und Technik Band 2. (Zugl.: Berlin - hier ergänzte - Diss., Freie Univ. Berlin, 1988, 1. Teil)

SALZWEDEL, Hartmut, 2010: ZEIT als Vergangenheit und Zukunft. Berlin: Universitätsverlag der Techn. Univ. Berlin. Reihe Individuum und Technik Band 3. (Zugl.: Berlin - hier ergänzte - Diss., Freie Univ. Berlin, 1988, 2. Teil)

SIMON, Eberhard, 2008: Technikerhaltung. Das technische Artefakt und seine Instandhaltung. Frankfurt am Main, Berlin, Bern u. a.: Peter Lang, Internationaler Verlag der Wissenschaften (Zugl.: Stuttgart, Univ., Diss. 2002)

VENTE, Rolf E. / CHEN, Peter S. J. (Hrsg.), 1980: Culture and Industrialization. An Asian Dilemma. Singapore: McGraw-Hill International Book Company

WERNICKE, Frank, 1990: Mikrobielle Antagonismen im Trinkwasserbereich. Charakterisierung autochthoner Filterbiozönosen und deren Einfluß auf hygienisch relevante Bakterien. Berlin: TU. (Zugl.: Berlin, Techn. Univ., Diss. 1990)

WICHIENCHAROEN, Adul, 1980: Traditional Patterns of Behaviour Affecting Industrialization. In: Vente / Chen (Hrsg.), 1980. S. 76-85

WINKLER, Philipp Michael, 2012: Technologietransfer im Recht der UNESCO. Frankfurt am Main, Berlin, Bern u. a.: Peter Lang, Internationaler Verlag der Wissenschaften (Zugl.: Dresden, Techn. Univ., Diss., 2011)

ZIMMERLI, Walther Ch., 1997: Technologie als 'Kultur'. Braunschweiger Texte. Hildesheim: Georg Olms

Abstract
Die Versorgung mit Trinkwasser und Entsorgung von Abwässern zeigen Fachleuten und Laien die Dringlichkeit einer Instandhaltung technischer Strukturen und Funktionen. Wartung erfordert sowohl technische Kenntnisse als auch funktionale Handlungsmuster und somit die Kooperation von Ingenieuren und Sozialwissenschaftlern bei der sicherheitsrelevanten Qualitätssicherung.
Der Sozialgestalt von Technik entspricht individuelles Regelverhalten und institutionelle Kompetenz.

## Anhang:

### Michaela Kühnapfel, Schmargendorfer Kaffeerösterei

# Kaffee rösten, nicht verbrennen

Warum Kaffee aus einer kleinen Privatrösterei? Den Unterschied macht das Rösten. Um Rohkaffee genießbar zu machen, werden die Bohnen geröstet. Im traditionellen Verfahren (wie bei uns) geschieht das bei ca. 180 – 220 °C mit einer Röstdauer von gut 20 Minuten, beim industriellen Verfahren bei ca. 550 °C in ca. 2 Minuten.
Anbaugebiet, Sorte und Qualität der Rohkaffeebohnen sowie Röstzeit und Temperatur beeinflussen die Aromabildung, die Entwicklung, den Geschmack und vor allem die Bekömmlichkeit. Je länger bei niedriger Temperatur geröstet wird, desto höher ist die Röstqualität. Das Röstgut wird bekömmlicher – der Kaffee verliert die Säure.
Wir rösten ausschließlich langsam bei niedrigen Temperaturen, bei der der Kaffee mit indirekt beheizter Luft umspült wird und somit die Wärmeübertragung auf das Röstgut verbessert wird. Das Ergebnis ist ein hervorragender, sehr bekömmlicher Kaffee.
Wir rösten nur kleine Mengen, lassen dem Kaffee die dringend benötigte Zeit zum Ausgasen und gewährleisten so, dass Sie immer frisch gerösteten Kaffee in gleichbleibender Qualität erhalten. Dieses Ausgasen ist ein wichtiger Bestandteil des Röstvorganges. Bis zu 72 Stunden benötigt die Bohne, um ihre Geschmacksebene zu erreichen. Wenn man die Möglichkeit hat, sollte man mal an gerade gerösteten Bohnen und an Bohnen, die zwei Tage alt sind, riechen. Der Unterschied ist gewaltig. Kaffee ist mehr als nur ein einfaches Heißgetränk. Für manchen in der Morgenstunde ein „Lebensretter“, für andere mit seinem unverwechselbaren Aroma ein Genussmittel. Ganz egal, ob es der schicke aufgeschäumte Milchkaffee, der kräftige Espresso oder die klassische Kanne auf der Kaffeetafel ist. Bei uns können Sie Ihren Kaffee in einer gemütlichen Atmosphäre genießen, so wie er es verdient.

**Kulturwissenschaften**

Herausgegeben von Hartmut Salzwedel und Ingeborg Siggelkow

Band 1 Ingeborg Siggelkow (Hrsg.): Gedächtnisarchitektur. Formen privaten und öffentlichen Gedenkens. 2001.

Band 2 Ingeborg Siggelkow (Hrsg.): Erinnerungskultur und Gedächtnispolitik. 2003.

Band 3 Ingeborg Siggelkow (Hrsg.): Werte und Weltbilder. 2006.

Band 4 Ingeborg Siggelkow (Hrsg.): Symbole und Werte. 2008.

Band 5 Werner Siebel / Hartmut Salzwedel / Ingeborg Siggelkow (Hrsg.): Esskulturen. 2013.

www.peterlang.de

FSC
www.fsc.org
MIX
Papier | Fördert gute Waldnutzung
FSC® C083411

Kolibri 360 GmbH
Ferdinand-Jühlke-Straße 7
99095 Erfurt, Deutschland
produktsicherheit@kolibri360.de